データサイエンス入門

データ取得・可視化・分析の
全体像がわかる

Introduction to Data Science

上田雅夫・後藤正幸
UEDA Masao　　GOTO Masayuki

有斐閣

はしがき

　データサイエンスを学ぶということはどのようなことなのでしょうか。Python や R といったプログラム言語を学び，それらのプログラムにあるパッケージを用いて分析することでしょうか。もちろん，プログラムやパッケージを用いて何らかのデータ分析を行う作業スキルを身に付けることは重要ですが，データサイエンスがどのような背景で誕生し，何を意味するのか，従来のデータ分析の手法とどのように異なるのかといったことを理解することも重要です。ただ，これまで出版された書籍では，どちらかというと分析手法に焦点を当てたものが多く，先に述べたデータサイエンス全体の理解を進めるものはあまりありませんでした。

　また，近年の機械学習の手法の発達には著しいものがありますが，統計学と機械学習の両方を一冊で学べる書籍というものもほとんどありませんでした。ビッグ・データの時代になり，社会のさまざまなセクターでデータ分析が活用される現在では，データサイエンス全体の理解を進め，統計学と機械学習のエッセンスとそれを支える基礎的な知識を一冊にまとめた書籍が求められています。このことが本書を執筆する動機になっています。

　本書は，大学でデータサイエンスを初めて学習する人向けの教科書として，また，大学や企業においてこれからデータ分析を行う人，データサイエンスを基礎から学びたい人向けに執筆しています。データ分析の初学者が，分析手法についての書籍や論文を読み進める際に必要となる，知識・考え方を理解できるような構成になっています。そのため，ベクトルやデータ空間といった，これまで入門的な統計学やデータ分析の書籍ではあまり扱われてこなかった内容や，必要に応じてネイピア数などの基礎的な用語についても説明しています。

　本書は全 9 章で構成されていますが，第 1 章から第 3 章はデータサイエンスの定義やデータそのものについての理解を深めるための章です。例えば，データ分析の書籍には，データを空間に布置するという表現がときどき出てきますが，そのイメージが把握できるように，データと空間についても取り上げています。第 4 章から第 8 章は実際にデータを分析する際に必要な知識を体系

的にまとめたものです。最近の機械学習がデータサイエンスの領域に与えた影響を考慮し，機械学習の発展的な書籍，ならびに学術論文を円滑に読み進めることができるようまとめています。第9章はデータサイエンスの応用知識だけでなく限界についてもまとめています。データサイエンスは万能ではありません。限界を理解して活用することが求められます。また，データサイエンスの時代には，調査データを扱っていた時代とは異なる新しい問題が生じます。これらの問題に対しても目を向ける必要がありますが，データサイエンスの入門書で，このような問題を取り上げた書籍はあまり見かけないため，この最後の章で扱っています。

　本書は，第1章から1つずつ章を読み進めるという読み方をしていただいても，第1章と第9章を読み，データサイエンスの概要を理解し，それから各章を読み進めていただいても構いません。また，自身の興味のままに好きな箇所から読み進めても問題ありません。本書はデータサイエンスの入門書ですので，読み終えた後に，自身の知識が足りない領域，さらに詳しく知りたい領域が理解できれば，どのような読み方をしていただいても問題ありません。また，本書を読み終えた後，どのような形でも良いので，実際のデータを分析してもらえれば，著者としてこれ以上の幸せはありません。

　本書は，著者だけの力で書き上げたものではありません。早稲田大学データサイエンス研究所に所属する研究者や共同研究先の担当の方とともに議論したことが，本書の土台となっています。執筆した原稿については，横浜市立大学の越仲孝文先生，坂巻顕太郎先生に初稿を読んでいただき，さまざまな有意義な助言をいただきました。第6章の「データ分析の手法」と第8章の「データの分析事例」における具体的な分析や作図では，早稲田大学大学院創造理工学研究科博士後期課程の阪井優太氏，修士課程の良川太河氏にかなりの手助けをしていただきました。

　また，横浜市立大学データサイエンス学部の有志の学生の皆さんには，原稿に対して読み手の視点で意見をもらいました。さらに，有斐閣の岡山義信氏には，本書の企画段階からさまざまなご尽力をいただき，著者の作業の進捗がはかばかしくない状況でも常に適切な助言と励ましのお言葉をかけていただきました。岡山氏の適切な助言，提案がなければ本書の出版は難しかったと思われ

ます。この場を借りて，ご協力をいただいた皆様には心から感謝を申し上げる
次第です。

2022 年 11 月

上田　雅夫

後藤　正幸

■ウェブサポートページのご案内

以下のページで本書で紹介している分析例の再現方法など，情報を提供しております。
ぜひご活用ください。

http://www.yuhikaku.co.jp/books/detail/9784641166110

目　次

はしがき ……………………………………………………………………………… *i*

第1章　データサイエンスとは　　　　　　　　　　　　　　　　　　*1*

1　データサイエンスとは ………………………………………………… *1*
データサイエンスとは何か（*1*）　データマイニングとデータサイエンス（*4*）　デ
ータサイエンスの構成技術（*5*）　データサイエンスとデータ（*7*）　データサイエ
ンスの特徴（*9*）　データサイエンスの適用領域（*10*）　データサイエンスに期待
されること（*14*）

2　本書の構成 …………………………………………………………… *16*
各章の概要（*16*）

コラム①　データサイエンスと日本　　*19*

第2章　データ収集のための基礎知識　　　　　　　　　　　　　　*23*

1　データ取得の基盤技術 ……………………………………………… *23*
データ取得方法の変遷（*23*）　データの取得の仕組みとデータ分析（*27*）

2　データの種類 ………………………………………………………… *30*
消費者（顧客）由来／ビジネス由来（*31*）　集める／集まる（*32*）　集計／非集計
（*34*）　構造化／非構造化（*35*）　質／量（*36*）　数字，文字，画像，動画（*37*）

3　収集したデータの注意点 …………………………………………… *38*
データの基本構造（*38*）　分析に適したデータを得るには（*41*）

4　変数の分類と活用 …………………………………………………… *42*
順序尺度の数量化（*44*）　順序尺度の好みの問題（*44*）　手法の選択（*44*）　単位
の問題（*45*）　実数か整数か（*45*）

コラム②　最後は量的な特徴　　*46*

第3章　データ空間の構成法　　　　　　　　　　　　　　　　　　*51*

1　分析データの構造 …………………………………………………… *51*
スカラー，ベクトル，マトリクス（*51*）　データと空間（*53*）　分析用データを作
成する際の注意点（*56*）　理解しやすいデータと操作しやすいデータ（*60*）

2　特定の目的のデータ ………………………………………………… *61*
遷移行列（*62*）　ネットワーク型のデータ（*63*）　文書（テキスト）データのベク
トル表現（*64*）

3　データのクリーニング ··66
　クリーニング対象となるデータ（66）　クリーニングの進め方（68）

　コラム③　ロバストな分析　　69

第4章　データ生成のメカニズム　　73

1　データ生成のモデル ··73
　データ生成モデルの必要性（73）　データ生成モデルとしての確率分布（74）　データ生成モデルの例（75）

2　離散変数の確率分布モデル ···77
　離散事象と離散変数（77）　ベルヌーイ試行に関連する確率分布（79）　多項分布モデル（80）　ポアソン分布モデル（81）

3　連続事象の確率分布モデル ···82
　連続事象と連続変数（82）　正規分布（83）　正規分布から導かれる統計量分布（84）　指数分布（85）　ワイブル分布（87）

4　パターン認識における生成モデルと識別モデル ······························88
　AI 分野における生成モデル（88）　パターン識別のための生成モデルと識別モデル（88）

5　混合モデルとベイズモデル ···90
　ベイズ流の統計モデル（90）　混合モデル（92）　階層ベイズモデル（95）

6　計算機統計のための乱数生成 ···96
　乱数生成の必要性（96）　一次元確率分布に従う乱数生成（97）　多次元確率分布に従う乱数生成（100）

7　深層学習モデルによる生成モデル ··101
　AI が対象とするデータ生成（101）　敵対的生成ネットワーク（102）　オートエンコーダ（102）

　コラム④　モデルはどうして必要になるのか？　　104

第5章　データの可視化手法　　107

1　データ可視化の目的と方法 ···107
　データを可視化する目的（107）　データの構造と可視化（109）

2　データの構造から考える可視化 ··110
　1 変量のデータの可視化（110）　2 変量以上のデータの可視化（114）　層別のデータの可視化（118）　基本を改善したグラフ（121）　グラフに別な情報を付加する（124）

　コラム⑤　シンプソンのパラドックス　　127

第6章　データ分析の手法　　131

1　データ分析手順と分析の目的 ………………………………………… 131
データ分析の分析手順（*131*）　データ分析目的設定と分析手法選定の観点（*133*）
可視化のためのデータ分析（*135*）　仮説検証のためのデータ分析（*135*）　要因分
析のためのデータ分析（*135*）　予測のためのデータ分析（*136*）　構造分析のため
のデータ分析（*136*）　クラスタリングのためのデータ分析（*137*）　自動化のため
のデータ分析（*137*）　異常値・外れ値検出のためのデータ分析（*137*）

2　データ分析手法の体系 ……………………………………………… 138
データ分析手法の習得方法（*138*）　データ分析手法の類型（*139*）

3　分類のための分析手法 ……………………………………………… 143
分類モデルの種類（*143*）　ロジスティック回帰モデル（*148*）　サポートベクトル
マシン（*149*）　決定木（*151*）　ランダムフォレスト（*152*）　勾配ブースティング
（*154*）　ニューラルネットワーク（*155*）　深層学習モデル（*156*）　その他の手法
（*157*）

4　回帰のための分析手法 ……………………………………………… 157
回帰モデルの種類（*157*）　線形回帰モデルと多項式回帰モデル（*158*）　混合回帰
モデル（*160*）　ニューラルネットワーク回帰（*161*）　その他の手法（*161*）

5　クラスタリングのための分析手法 ………………………………… 162
クラスタリングモデルの種類（*162*）　階層クラスタ分析（*164*）　非階層クラスタ
分析（*165*）　潜在クラスモデルによるソフトクラスタリング（*165*）

6　次元削減による特徴分析手法 ……………………………………… 166
次元削減と特徴分析のための分析手法の種類（*166*）　主成分分析と特異値分解
（*166*）　非負値行列因子分解（*169*）　オートエンコーダ（自己符号化器）（*170*）
t-SNE（*171*）

7　共起データからの特徴分析手法 …………………………………… 173
共起データと分析手法の種類（*173*）　確率的潜在意味解析法（*174*）　潜在ディリ
クレ配分法（*175*）

8　ネットワーク分析のための手法 …………………………………… 176
ネットワークデータと分析手法の種類（*176*）　ε-NN ネットワーク（*177*）

コラム⑥　データ分析を料理にたとえると……　　*179*

第7章　データ活用のフレームワーク　　183

1　データ分析の進め方 ………………………………………………… 183
データ活用のフレームワーク（*183*）

2　データ分析の評価 ･･･ *187*
目的と評価（*187*）　分析結果の評価（*188*）　評価の方法（*189*）　回帰モデルの当
てはまりの評価（*192*）　分類モデルの当てはまりの評価（*194*）　検定による評価
（*196*）　モデルの比較（*198*）　分析の評価と経験（*199*）

コラム⑦　外部か内部か　*201*

第8章　データの分析事例　*205*

1　回帰問題のデータ活用事例 ･･･････････････････････････････ *205*
対象とするデータセット（*205*）　全変数を用いた重回帰分析による要因分析
（*207*）　説明変数の選択（*209*）　機械学習モデルによる予測モデル構築（*211*）

2　分類問題のデータ活用事例 ･･･････････････････････････････ *214*
対象とするデータセット（*214*）　ロジスティック回帰分析による離反要因分析
（*215*）　機械学習モデルによる離反顧客予測モデルの構築（*219*）

3　分析上の注意点 ･･･ *222*

コラム⑧　数字を実感として捉える　*223*

第9章　データ分析上の注意点と応用知識　*227*

1　データサイエンスの応用範囲 ･････････････････････････････ *227*
AI の大成功とデータサイエンスブーム（*228*）　ビジネスの現場でも活用される
AI 技術（*229*）　ビジネスの現場での活用事例（*232*）

2　データサイエンスの上手な活用 ･･･････････････････････････ *237*
人工知能ができること・できないこと（*237*）　データ分析手法の上手な活用のた
めに（*240*）

3　データサイエンスの応用知識 ･････････････････････････････ *241*
統計モデルの汎化性能と過学習（*242*）　汎化性能の評価と統計的モデル選択
（*244*）　正則化手法（*247*）　選択バイアスに対する対応（*249*）　分類における不
均衡データに対する対応（*252*）

コラム⑨　データサイエンス活用のために必要なスキル　*255*

ブックガイド ･･ *259*
索　　引 ･･ *264*

第1章

データサイエンスとは

この章では，データサイエンス全体の理解を進めるため，データサイエンスの定義を明らかにし，その後で，データサイエンスの特徴，ならびに，その適用領域について説明します。同時に，なぜ，今データサイエンスが注目されているのか，データ環境の変化という点から解説をします。

1 データサイエンスとは

●── データサイエンスとは何か

次頁の図 1.1 は，Google Trends[1]を用いて「Data Science」というキーワードを，検索地域を「すべての国」，検索期間を 2010 年～2019 年に設定し，検索した結果です。データサイエンスという言葉が，2013 年から右肩上がりに上昇しており，データサイエンスという言葉の関心が，年を経るごとに高まっていることが理解できます。ただし，データサイエンスという言葉は，これだけ注目を集めていますが，その言葉の定義が曖昧であると指摘されており（Press 2013），データサイエンスが何であるか，明確に説明できる人は，残念ながらそれほど多くありません。そこで，データサイエンスを深く理解するために，まず，データサイエンスとは何かを明らかにする必要があります。

データサイエンスという言葉の定義には，Dhar（2013）の「データから一般化できる方法で知識を得るための学問」という定義があります。Wikipediaでデータサイエンスを調べてみると，「データサイエンスは構造化あるいは非構造化データから知識やインサイトを抽出するための科学的な手法，アルゴリ

---

[1] Google で検索されたキーワードの時系列変化を可視化するサービス。Google Trends のサイトから利用可能（https://trends.google.co.jp/trends/?geo=JP）。

図 1.1　**Google Trends** の検索結果（**"Data Science"** すべての国）

ズムやシステムを用いる学際的な研究領域」（筆者訳）と定義しています。広辞苑では「統計学・計算機科学・情報科学などを応用し，各種のデータが持つ意味・法則性を探り出し，また，その手法を研究すること」と定義しています。

　データサイエンスは文字通り，データ ＋ サイエンスの二語で構成されており，サイエンス ＝ 科学が何を示すのか理解できると，データサイエンスの理解が進みます。Oxford Learner's Dictionary では，サイエンスとは「実験などで証明することができる事実をもとにした，自然や物質の構造や振る舞いについての知識」と定義しています。このサイエンスの定義を，データサイエンスに当てはめますと，「分析，調査，実験，観察で得られた事実（データ）をもとに，統計的構造の推定や予測，因果関係の評価などを通じて客観的に正しい意思決定や行動に結びつけるプロセスに関する知識」というように表現することができます。データから知識を導くには，何らかの手法で分析する必要があるため，先に述べた定義に分析に関する部分を追加すると，データサイエンスの定義は，「統計学や機械学習などの手法を用い，調査や実験などにより得られたデータの中に隠れた構造やデータ自体の動きを明らかにすることである」となるでしょう。

　データは，何かの行動の結果得られるものです。調査のデータは，回答者が調査票の項目について回答した結果です。POS データ（Point of Sales Data：販売時点データ）は，人々の購買行動の結果であり，ソーシャル・メディアのデータは，人々が Facebook などのソーシャル・メディアにおける閲覧，投稿などの行動をした結果のデータです。単に，事実を確認するだけであれば，これらのデータを集計するだけで十分ですが，社会における人々の行動は複雑で，その複雑さを考慮すると何らかの分析を行う必要があります。POS データを用いて商品 A の販売実績を確認するのであれば，商品 A の日別の販売実

績を集計するだけで十分ですが，なぜ，商品 A が他の商品よりも売れたのか
を理解するためには，何らかの分析が必要になります。表やグラフでも商品 A
の売れ行きに影響を与える要因を理解することができますが，表やグラフでは
限界があります。グラフで表現できるのは，3 軸までです。売上に 1 つを使う
と，残りの軸は 2 つであり，要因は 2 つまでしか扱えません。また，グラフや
表を用いて表現しても，それぞれの要因の純粋な定量的な影響度は不明です。
そのために，統計学や機械学習の知識が必要となります。

　ビッグ・データの時代になり，企業が扱えるデータの種類が多岐にわたるよ
うになったことも，分析をするうえで，統計学や機械学習（含むデータマイニン
グ）の手法に関する知識が，要求される一因となりました。例えば，ソーシャ
ル・メディアのデータに含まれる，「フォローする」「フォローされる」という
関係性のデータを用いて，影響力のある人を特定する場合，人数が少なければ
手作業でも特定できますが，現在のソーシャル・メディアのデータの規模にな
ると，作業を効率化させる何らかの方法を用いる必要があります。その目的の
ために，多様な方法が提案されてきました。

　データの種類が増え，さまざまな分析手法が利用できる現在では，目的とデ
ータに見合った手法の選択は，実務に活用できる情報をデータから得るうえで
不可欠です。そのために，統計学や機械学習について学ぶ必要があります。例
えば，クレジットカードのデータを分析し，顧客満足度を高めるには，会員の
属性マスターと購買履歴データから，自社の売上に貢献している会員の特徴
を理解する必要があります。クレジットカードなどの購買履歴データは，膨大
な量になります。その膨大な量のデータから効率的に情報を得るためには，決
定木という手法が適しています。また，E コマースの購買履歴データは，扱う
商品の種類が多いため，疎のデータ（0 が多いデータ）になりやすく，そのよう
なデータから情報を得るため PLSA（Probabilistic Latent Semantic Analysis）
のように次元圧縮の手法が発達しました。同じ目的に対し，さまざまな手法が
提案されている現在では，目的とデータに応じた手法を選択することが，デー
タサイエンティストに求められています。本書の第 8 章を参考に，どの分析手
法で，どのようなことが理解できるかのイメージをつかむとよいでしょう。

　加えて，データから何らかの情報を得るには，目的だけではなく，「データ」

にも注目する必要があります。本格的な分析の前に，集計やグラフによりデータの特徴を十分に理解したうえで（データに特徴を語ってもらったうえで），手法を選択することが多いでしょう。データを表やグラフで表すことを可視化（visualization）といいますが，こちらについても分析手法同様にいくつかの注意するべき点があります。データの内容を正しく読み手に伝えるには，その注意点を守る必要があります。

●── データマイニングとデータサイエンス

　データサイエンスを考えるうえで，2000 年頃，ブームとなったデータマイニングについて理解すると，データサイエンスの特徴が，よく理解できるでしょう。データマイニングとは，大量の非集計のデータから，効率よく情報を収集する手法であり，古川・守口・阿部（2003）は，著書の中で「実務的には探索的非集計のデータ分析と予測の作業」と定義しています。データサイエンスとデータマイニングは，どちらも大量のデータから，実務に貢献する情報を得るという点で類似していますが，データマイニングがもてはやされた時代のデータと現在のデータでは，データ自体が大きく異なります。データマイニングの時代は，主に，顧客の購買履歴データを扱っていましたが，現在は，センサーやソーシャル・メディアを経由して得られるデータを扱うようになりました。購買履歴データでは，データは数値と文字（テキスト）として保存されており，数字や文字のデータを分析できれば十分でしたが，データサイエンスの時代になると，数字や文字に加え，音声，画像，位置情報といったデータも分析対象となり，現在では，目的に応じて幅広いデータを分析することが求められています。表 1.1 にあるように，購買履歴データとソーシャル・メディアのデータでは，データの種類，非構造化データ[2]の扱い，さらに，分析結果を活用する部署など，大きく異なり，データマイニングの時代と今とでは，データ分析に必要な技術ならびに活用領域が大きく異なることが理解できるでしょう。

---

[2]　ある統一したルールでデータベースに蓄積され，列と行でその内容を指定できるデータを構造化データと呼びます（第 2 章でもう一度言及します）。代表的な非構造化データとして Web のアクセス・ログがあります。

表 1.1 購買履歴データとソーシャル・メディア・データの違い

	購買履歴データ	ソーシャル・メディア・データ
概要	購買の記録	投稿・反応の記録（双方向の記録）
保存されるデータの種類	数字	文字，画像，動画，音声，反応の結果
非構造化データの有無	無	有
主に活用する部署	営業，マーケティング	営業，マーケティング，広報，宣伝

●── データサイエンスの構成技術

データサイエンスに関し，「データサイエンス ＝ 分析技術」という誤解があります。データサイエンスは，Deep Learning などの分析手法のみを学習し，理解すれば，ビジネスなどの実務に役立つ情報が得られるというわけではありません。また，Python のように機械学習と親和性の高いプログラミング言語を習得することだけがデータサイエンスではありません。先に示したデータサイエンスの定義からも理解できるように，データサイエンスの目的は，データに埋もれた構造やデータの挙動を，データと活用の目的に見合った手法で明らかにすることです。そのためには，まず，分析するデータの特徴を理解することから始めます。

データの特徴を理解するうえで，平均値や分散などの基礎統計量の算出，表やグラフの作成などを行う必要がありますが，これらの作業をする前に，分析するデータには，どのような変数が含まれているのか，それらの変数はどのように収集されたのか（収集したのか），といった点を理解するところから始まります。ビジネスに利用するデータが，調査データが主流のときは，分析者は当該のデータについて，調査票の作成を通して分析する前から熟知していましたが，現在は，データウェアハウスに「蓄積された」データを分析することが多く，分析者はデータの内容を十分に理解する機会を経なくても，分析することができます。ただし，そのような態度で，手許にあるデータを分析することが，データから十分な情報を引き出せるという保証はありません。むしろ，デ

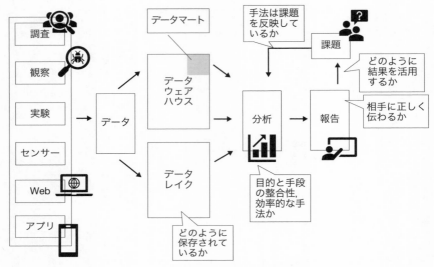

図 **1.2** データサイエンスの構成要素

ータの内容を理解したうえで分析するほうが，分析を効率的に進めることがで
き（分析時の手戻りを少なくする），分析結果を読み取るうえでも，間違った解釈
をすることなく進めることができるでしょう。

　データを分析する目的は，何らかの課題を解決することであり，分析した後
にもフォローする必要があります。例えば，分析した結果を組織で利用するた
めに，関連部署へどのように働きかけるかも考えるべきです。図 1.2 にデータ
サイエンスを構成する各要素をまとめています[3]。図 1.2 にある通り，データ
サイエンスを構成する要素は，データの収集から分析結果の報告，活用までの
道筋づくりまで含み，幅広い知識が求められます。

　なお，データサイエンティストに求められる能力というと，分析力が真っ先
に思い浮かぶかと思いますが，分析力だけでは十分ではありません。データを
分析する目的は，先に述べたように，課題を解決することであり，分析結果を

---

3 データウェアハウス内のデータを分析する際，利用する部署によっては，分析メニューや
必要な集計タイプが異なるため，あらかじめ，目的に応じてデータウェアハウス内のデータ
を小分けにしておくと効率的です。そのような小分けにしたデータを「データマート」と呼
びます。

意思決定に用いることです。そのため，できるだけ素早く，分析結果を意思決定に活用できる形にすることが求められます。例えば，複数のカテゴリーの販売実績のデータを分析し，その結果をまとめる際は，出力された分析結果をコピーし貼り付ける作業を，プログラムを書き自動化するといったことが考えられます。分析に関する作業を行う際は，分析結果の加工といった，最終段階を見越して，合理的に作業を行うことができるように考えてから作業を行うべきでしょう。

●── データサイエンスとデータ

　POS データやソーシャル・メディアのデータが，現在のように企業の意思決定に用いられる以前は，調査データを主に用いて意思決定を行ってきました。ある目的に対し調査を設計・実施し，調査から得られたデータを分析していました。1980 年代の後半から情報システムの発達にあわせて，データウェアハウスに取引データ（代表的なものとして POS データ）を蓄積し，その蓄積されたデータを，意思決定に用いるようになりました。その後，企業のロイヤルティ・プログラム[4]の進展に伴い，POS データに個人が識別できる ID が付き，この ID 付き POS データが，小売業などの企業の意思決定に利用されるようになりました。この時代になると，データは分析の度に収集されるのではなく，データウェアハウスに蓄積されているデータから，分析の目的に応じて，切り出されるようになりました。

　データウェアハウス内のデータは，あらかじめ決められた項目のみを保存するように設計されています。また，効率的に蓄積するため，データは正規化[5]されたテーブルとして保存されています。そのため，データウェアハウス内には，複数のテーブルが保存されています。実際のデータ分析では，複数のテーブルを結合し，分析用のデータを作成します。時には作成したデータを用いて，新しい変数を作成するといった作業を行います。分析用のデータを作成

4　顧客の利用実績に応じて，割引，優遇価格，ノベルティ（おまけ）などを提供するプログラムのこと。航空会社のマイレージ・プログラムがその代表です。

5　データの重複をなくして管理すること。商品の販売実績に商品名やサイズを記録し，商品マスターにも商品名やサイズを記録するのではなく，商品の販売実績には販売実績のみ，商品マスターには商品の情報のみを記録し管理することです。

するといったスキルは，調査データが主流であったときには，ほとんど必要と
されていませんでしたが，現在では，データ分析に従事する人にとって備えて
いなければいけない必須スキルです[6]。加えて，データウェアハウスに蓄積さ
れたデータを分析するうえで，調査データを主に分析していた時代には，顧み
られることがなかった新しい注意点が生じました。1 つはデータの更新に関す
る点であり，もう 1 つは分析対象期間の設定という点です。

　データウェアハウスに保存されたデータは，ある周期（日次や週次など）で更
新されます。その際に，保存されていたデータの内容に関し更新が行われる場
合があります[7]。例えば，ある商品の名称が変更され，その変更が過去にわた
って更新されるため，その商品の過去の実績を分析する際に，以前の商品名称
が残っておらず，その名前で分析できないということがあります。そのような
問題を回避するためにも，データの更新情報については，分析前に確認する必
要があります。後者については，データウェアハウスのデータは，同一の対象
者（この場合は人ではない場合もあります）の時系列の記録ですが，適切な分析対
象期間を設定しないと，正しい結果が得られないことがあります[8]。データウ
ェアハウスに蓄積されているデータを分析するには，購買間隔などの消費の行
動の特徴を理解して設定する必要があります。

　ビッグ・データの時代になり，さまざまなデータが意思決定に利用できるよ
うになると，従来のデータウェアハウスでは，対応できなくなり，新たにデー
タレイクという概念が提唱されました（Woods 2011）。これまでのデータウェ
アハウスでは，データ分析の目的にあわせて，収集するデータの構造を事前に
決定し，その構造化されたデータを蓄積していました。この方式では，データ
の活用がデータを蓄積する動機となっており，データを効率的に利用できると
いう点で優れていますが（構造を決定したデータを蓄積しているため，分析を行いや
すい），企業の意思決定に活用する，データの種類が増加した現在では，この
方法では自社の課題に十分に対応できない場合があります。

　データの種類が増え，更新頻度が早い現在では，データの利用目的を考え，

6　本書では，第 3 章の「データ空間の構成法」で説明します。
7　商品や顧客情報をまとめたマスターも更新され，これらの管理も必要です。
8　詳しくは，第 2 章で図 2.7 を用いて説明していますので，そちらを参照してください。

その目的に沿ってデータウェアハウスを設計していては時間が掛かり，検討している間に，重要なデータが蓄積できないという問題が生じる可能性があります。その問題に対応するためには，まずは必要と思われるデータを蓄積し，分析する際に，データを分析の目的に応じて，蓄積されているデータを加工し，分析するほうが効率的な場合もあります。そのために，データをまず保存しておく，容れ物が必要になり，システムに組み込まれるようになりました（この容れ物がデータレイクです）。

　また，データウェアハウスに保存されているデータも，利用頻度が高いものもあれば低いデータもあります。頻度が高いデータは別に管理する，使用目的に応じて管理するなど，データウェアハウス全体を，細分化して管理することが効率的な場合があります。その際，管理しやすいように小型化した（もしくは一部の）データウェアハウスをデータマートと呼びます。現在は，大量のデータをさまざまな部署で利用し，意思決定に用いています。そのため，意思決定が迅速に行えるように，データを扱う仕組み自体も，時代にあわせて変更する必要があります。

●── データサイエンスの特徴

　データサイエンスは，データを分析し，意思決定に利用することを1つの目的にしていますが，従来の統計学やデータマイニングと大きく異なる点もあります。これまでは，データの背景にあるメカニズムを明らかにすることが主な目的でしたが，データサイエンスの時代では，敵対的生成ネットワーク（Generative Adversarial Networks：GANs[9]）に代表されるように，データを新たに作り出すことも目的の1つになっています。統計学，特に時系列分析では，1からtまでの期間のデータを用いて，モデルを作成し，$t+1$以降のデータを予測します。この$t+1$以降の予測値はある意味，モデルから生成されたデータではありますが，応用される領域の広さで考えますと，今の生成モデルほどではありません。

　また，分析に用いるデータからも，データサイエンスの特徴を示すことがで

9　用意されたデータの特徴を学習し，新たなデータを作成する手法です。Goodfellow et al. (2014) によって提案されました。

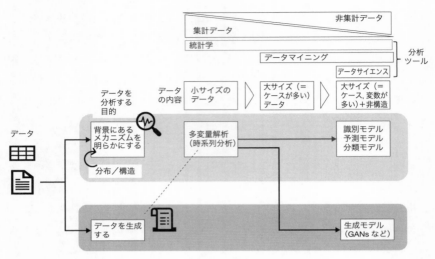

図 1.3　データサイエンスの特徴

きます。これまでのデータ分析では，分析のためのマシン（計算機，コンピュータ）の性能や，データ収集のコストなどのさまざまな制約があり，データのサイズは小さく，その小さなデータを分析するための手法が検討されましたが，先ほど説明したような情報技術の発達によって，データのサイズが大きくなり，同時にデータ自体も構造が定まらない非構造なデータ[10]が増えました。そのようなデータを分析するのに，統計学以外にもさまざまな手法が検討・提案され，図 1.3 で示すように，現在のデータサイエンスを形作っています。図 1.3 で重要な点は，現在のデータサイエンスが，統計学，データマイニングの上に成立しており，これらの知識がないと正しく活用できない（目的に応じた適切な結果を得ることができない）という点です[11]。

●── データサイエンスの適用領域

社会活動，特に，企業活動においてデータサイエンスが注目される理由に

10　非構造なデータについては第 2 章で説明します。

11　この点については第 4 章の「データ生成のメカニズム」で，統計学の確率分布と現在の生成モデルとの関係を例に取り上げて説明します。

は，次の 2 点があります。1 つは，先に述べたようにデータの種類が，飛躍的に増加した点です。もう 1 つは，企業にはデータを利用し，より効率のよい活動を行い，改善に結びつけたいという潜在的なニーズがある点です。これまでは，企業のさまざまな活動を測定するデータは，技術的もしくは費用的に収集することが難しかった，または，そのようなデータ自体がありませんでした。現在のように豊富なデータが身近にあれば，データを活用するための手法の検討や，データ活用を業務フローへ組み込もうとする動きは自然なことです。

　例えば，広告代理店にとって，ラジオ，テレビ，新聞，雑誌，インターネットといったメディアに適した広告を配信することは，業務の根幹をなすことです。ただし，ラジオについては適切な広告配信を行うことはテレビほど容易ではありませんでした。その理由は，テレビの視聴率のように，継続して利用状況を記録したデータを得ることが容易ではなかったことが原因です（消費者調査では，視聴率のデータのように高頻度に行うことは，コスト面で難しいという現状があります）。しかしながら，現在では，インターネットラジオ「radiko（ラジコ）」の視聴履歴を用いて，テレビの視聴率のようにラジオの利用状況が定量的に理解できるので，ラジオの広告効果の測定を行い，広告配信の効率化を行っています[12]。

　データサイエンスは，企業の広告以外の業務における効率化にも貢献しています。新卒採用は人事部の採用担当にとって，大変負担の大きい業務です。コニカミノルタ社では，新卒採用時の適性検査から社員を 6 つのセグメントに分類し，セグメント別に入社後の行動を追跡し，どのセグメントの人材を拡充するかの方向性を明らかにし，採用担当者の負担の軽減に努めています[13]。また，活動量のデータを用いてコールセンターの生産性を管理し，生産性の向上に貢献できるという報告もあります（渡邊ほか 2013）。図 1.4 にあるように，現在では，企業の活動の中心にデータサイエンスがあり，企業の各部署，企業の内部活動と外部活動のそれぞれについて，データ分析した結果を意思決定に利用することが可能です。

　図 1.4 に挙げたデータサイエンスを活用する業務については，調査データを

---

[12]　『日経流通新聞』2018 年 11 月 23 日付。
[13]　『日経産業新聞』2018 年 10 月 22 日付。

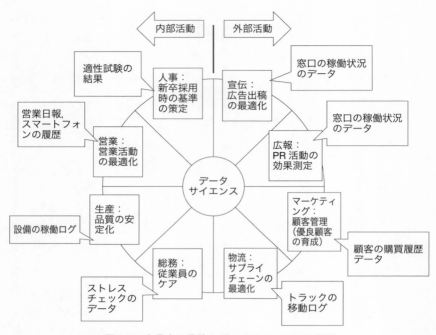

図 **1.4**　企業内の業務とデータサイエンスの利用

用いることも可能です。調査データは，調査項目を工夫することで，多様な内容のデータを収集することができますが，コストが掛かるために回数を制限せざるを得ないといった課題や，調査で収集できる内容は回答者の記憶に保存されている内容だけであるといった課題があります。さらに，調査では分析者が必要とする情報を収集することは容易なことではなく，調査票の設計の段階から注意する必要があります。そのため，マーケティング・リサーチのテキストでは，調査票の作成方法について少なくないページを割いています。

　POS データが，マーケティングに活用されるようになった理由に，調査データに比べて品質やコスト面で優れているという側面があります。調査で消費者から過去に購入したものを聞き出すことはできますが，半年前の買い物について正確に答えられる人は，ほとんどいないでしょう。一方，POS データは，レジでスキャンされた結果がそのまま蓄積されるため，消費者の購買行動がデータとして正確に記録されています。また，POS データは小売店の日々の決

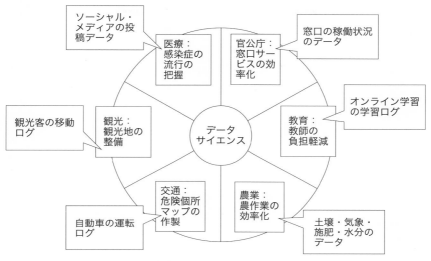

図 1.5　社会の各セクターとデータサイエンスのテーマ

済の結果として蓄積されるため，収集に関しては調査のようなコストが掛かりません。品質やコストの面で優れた代替データがあれば，今使用しているデータから代替データにシフトすることは当然でしょう。

　データサイエンスは企業だけではなく，官公庁，医療，公共サービス（交通など），文化，学校，農業，観光などの社会の幅広いセクターにおいても活用されています。例えば，本田技研工業のインターナビは自動車の走行中のデータをインターネット経由ですべて収集しています。収集されたデータの中には，急ブレーキを踏んだ箇所についてのデータがあり，急ブレーキの多い箇所と現場の状況を照らしあわせることで，より安全な道路環境へと改善することができます[14]。交通事故を減らすためには，道路の状況を改善することは有効な手段の1つですが，道路の現状について，常に最新の状況に更新されるデータがなかったため，危険な場所を明らかにし改善することは困難でした。しかしながら，急ブレーキの情報をカーナビ経由で収集することができるようになったため，そのデータを用いて道路状況の改善をすることができるようになり

――――――――――
[14]　『日経コンストラクション』2013年8月号。

ました。同時に，データサイエンスが公共サービスにも活用可能という理解が
広がりました。このように，収集されるデータの種類が多くなればなるほど，
社会のさまざまな領域，セクターでデータを利用することができるようになり
ます。

　社会の各セクターとデータサイエンスが活用できるテーマ例をまとめると図
1.5 のようになります。この図 1.5 から，データサイエンスが日々の生活に関
するセクターの中心にあり，さまざまな場面で活用可能であることが理解でき
るでしょう。

●── データサイエンスに期待されること

　組織（企業，公的団体など）の業務は，以下の 3 つに大きく分けることができ
ます。

- より大きなアウトプットを得るための業務（効果を生み出す業務）
- アウトプットに至る過程を改善する業務（効率を最大化する業務）
- リスクに対応する業務

　この 3 つの中でデータサイエンスを活用できる業務は，主に後者の 2 つで
す。

　効果を生み出す業務とは，0 を 1 にする業務であり，例えば，既存の市場を
一変するような創造的な（時には破壊的な）商品・サービスの開発です。このよ
うな業務については，担当者の気づきやひらめきが必要とされるだけではな
く，新しい商品・サービスを作り出すという動機が要求されます。そのため，
データサイエンスにとって苦手な領域です。過去の結果であるデータからは，
過去の延長のような結果が得られやすいという面があります。スマートフォン
がまだ世にないときに，携帯電話の利用ログのデータを分析しても，現在のス
マートフォンのような携帯電話が開発できたとは考え難いでしょう。フィーチ
ャーフォンのデータからは，恐らく，フィーチャーフォンの機能を改良するな
ど，フィーチャーフォンの延長線上の製品しかできないからです。

　効率を最大化する業務は，1 を 100 にする業務であり，例えば，工場の生産

性の向上などがこれにあたり，データサイエンスを適用しやすい領域です。データサイエンスが，効率性を上げる業務に適用しやすい理由は，現在のデータ環境によるところが大きいでしょう。インターネットが普及し，さまざまな活動がネットを経由してデータとして収集できるようになりました。ネット経由で収集されたデータは，企業や公共団体といった組織の活動の結果であり，活動の巧拙が結果としてデータに保存されます。そのため，収集されたデータを分析することで，活動の巧拙の原因（活動の課題）を発見し，それをもとに現状の改善活動を行うことができます。

　企業の活動において，将来の予測を立てることは容易ではなく，常にリスクが伴います。未知のリスクに対応するには，過去の事例が参考になります。そのため，過去の事例が多ければ多いほどリスクの低下を図ることができます。また，蓄積する過去の事例については，その質も重要です。蓄積する事例は，情報の欠損が少なく，高い品質を保持していることが望ましいでしょう。人間は経験した過去の事例を，記憶として蓄積していますが，1人の人間が蓄積できる経験の量には限りがあります。また，人間は過去の事実を，時間の経過とともに忘却してしまうため（記憶をそのままの形で維持することも難しい），事例の質という面でも問題があります。事例の量および質について考慮すると，蓄積されたデータを用い，将来のリスクに備えることが望ましいでしょう。

　データから有用な情報を得ることは，分析を通じて過去の事例を，誰でも利用できる結果に変換することでもあります。データサイエンスにより，これまで，個人や組織の一部で所有していた知識を，定量的な分析を経て，組織内の全員に共有することも可能となるでしょう。知識の量・質が企業の競争力や公共団体が提供するサービスの質を左右する現在において，データサイエンスに注目が集まるのは，ある意味自然なことでしょう。

　データを分析した結果を提示したときに，関係者から「そんなことはすでに知っている」と言われることがあります。データ分析が，人々の経験を分析した結果として，誰もが理解しやすい形に変換していることを考えると，この反応は，ある意味当然の反応でしょう。むしろ，注意する必要があるのは，自分の経験と異なる結果，新しい発見があったときです。そのようなときは，分析の過程でどこか手違いが生じていないかなど，結果を解釈するにあたり，慎重

に進めるべきでしょう。

2　本書の構成

　この節では，本書の理解を進めるため各章の構成および概要について説明します。本書では，データサイエンスの総合的な理解を目的に，全部で 9 章の構成にしています。各章のタイトルは以下の通りです。

　　第 1 章　データサイエンスとは
　　第 2 章　データ収集のための基礎知識
　　第 3 章　データ空間の構成法
　　第 4 章　データ生成のメカニズム
　　第 5 章　データの可視化手法
　　第 6 章　データ分析の手法
　　第 7 章　データ活用のフレームワーク
　　第 8 章　データの分析事例
　　第 9 章　データ分析上の注意点と応用知識

　各章の関係を図でまとめると図 1.6 の通りです。

●── 各章の概要

　本書を通して，データサイエンスを十分に理解してもらうには，最初から読み進めてもらっても，関心のある章から読み進めてもらっても大丈夫です。関心のある章から読んでみたいという人のために，ここでは，先に挙げた 9 つの章について，それぞれの章の概要を説明します。

　第 1 章では「データサイエンス」が何を意味しているのかを定義し，本書におけるデータサイエンスの位置づけを明らかにしました。定義を明らかにした後，第 2 章〜第 4 章で，データについて説明を行います。第 2 章〜第 4 章は，データサイエンスの基礎として位置づけられ，データの定義からデータがどのように生成されるのかを説明し，データサイエンスを支えるデータについての

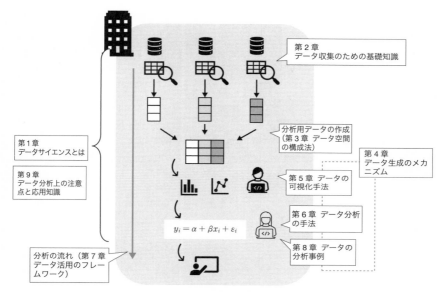

図 1.6　各章の関係

理解を深めます。データサイエンスはデータを支配する何らかの構造，ルール
を明らかにするものであるため，データ自体について理解することは不可欠で
す。

　図 1.7 では，機械学習のシステムが（図中の真ん中の黒い四角）が実社会にお
いて極めて小さい部分であり，関連する他のシステムのほうが大きく，無視で
きないことを示しています（Sculley et al. 2015）。例えば，機械学習の新しい
アルゴリズムとデータの収集では，新しいアルゴリズムのほうが注目されてい
る面が多々ありますが，実際には，データ収集もそれ以上に重要です。このこ
とは，図 1.7 の「Data Collection」が大きく表示されていることからも理解
できます。また，現在のデータ分析では，データウェアハウス上に保存されて
いるさまざまなデータをつなぎ合わせ，分析用のデータを作成することが多
く，そのプロセス自体の妥当性の評価は，欠かせません。分析した結果はデー
タの質に依存するわけですから，「Data Verification」が大きな面積を占め
るのも当然です。

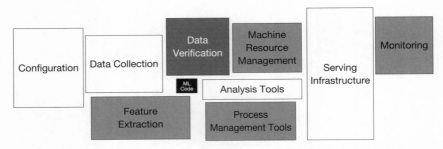

図 1.7　機械学習のシステムと関連するシステム（Sculley et al. 2015）

　機械学習は，データを分析して，社会に貢献する何らかの示唆を導き出す道具ですが，分析した結果から意味のある示唆を得るには，意味のあるデータを分析する必要があります。また，よい結果を得るためには，データを収集する際に，いくつか注意するべき点があり，それらについては，第 2 章・第 3 章で説明します。また，収集したデータを分析する前には，データが重複していないか，異常値が含まれていないかの確認を行い，重複しているデータは削除し，異常値と思われるデータについては，分析に含めるか否かを慎重に検討する必要があります。これらの作業はデータクリーニング（もしくはデータクレンジング）と呼ばれ，第 3 章において説明を行います。第 4 章は分析対象のデータがどのようなメカニズムで生成されるのかについて説明します。また，データが生成される背景には何らかの確率分布を考えて分析しますが，この章では分析に用いる代表的な確率分布についてまとめています。

　第 5 章～第 8 章は，データサイエンスの活用を踏まえた，分析手法の説明を中心とした応用のパートになります。データを分析するには，まず，そのデータの特徴を，表やグラフから確認します。その際，表やグラフの特徴，利用する理由を理解しておく必要があります。第 5 章において，それらの説明を行います。データサイエンスは，科学の一領域ですが，自然科学と異なり，データの中にある構造や法則を発見することだけがその目的ではなく，データを分析して得られた結果を用いて，社会に働きかけることも目的の一部となります。社会の課題を解決する一助として，統計学や機械学習の手法を用いてデータの分析を行いますが，これらの領域において提案されている手法は膨大にあり，

これらの全体像を第6章で示します。データ分析を円滑に行うには，膨大な手法の中から手許にあるデータと当該の目的に見合った手法を選択できるかが，結果に大きな影響を与えます。そのために第7章において分析の目的と手法の関係について事例を交えて説明を行い，その理解を深めます。また，データサイエンスは目的を意識することが重要ですが，それは，得られた分析結果をどのように活用するかを考えてのことです。そのため，第8章において，読者の皆さんも利用可能なオープンソース・ライブラリ上で公開されているデータを分析した事例をもとに，どのように活用するのかといった点についても説明します。また，分析自体の進め方については第7章で説明します。

　第9章においてはデータ分析上の注意点と応用知識についてまとめます。データサイエンスは統計学をベースに，高度に発展した情報技術や機械学習などの分析技術を融合して発展した研究領域です。その現状や将来性に関して説明します。加えて，AIの技術・適用できる範囲を説明しながら，データサイエンスの適用領域について説明します。人工知能（Artificial Intelligence：AI）の限界について述べられた書籍，*Artificial Unintelligence: How Computers Misunderstand the World*（Broussard 2018）や『AIにできること，できないこと』（藤本・柴原 2019）などが刊行されていますが，これは，AIを活用するには，ＡＩの限界を理解する必要があるからです。同じことは，データサイエンスにもあてはまります。ともすれば，データサイエンスを用いれば，組織の課題すべてが解決できると思われがちですが，データサイエンスの利用には，注意すべき点があり限界があります。データサイエンスにできることと，できないことを理解して初めて，データサイエンスによる課題解決を図ることが可能でしょう。

コラム①　データサイエンスと日本

　1960年代に，現代のデータサイエンスに通じる2つの書籍が日本で出版されました。1つが，林知己夫（1964）『市場調査の計画と実際』（村山孝喜との共著）であり，もう1つが，田口玄一（1962）『実験計画法』です。林先生はカテゴリカルなデータに注目し，その分析手法である数量化理論を提案され，田口先生は製品の品質の向上という課題を解決する，独自の手法を提案されました。どちらも現在の

データサイエンスがめざしている内容です。

　林，田口両先生が 50 年以上前に提案された手法は，現在の大学でも授業で取り上げられ，また，企業などの現場において活用されており，時代が経った今でもその内容は色あせてはいません。データサイエンスというと，Google などのイメージにより，海外のほうが進んでいる印象を持つかもしれませんが，1960 年代に，現代にも通じる研究成果が報告されている日本は，世界から決して遅れをとっているわけではありません。また，データサイエンスを扱った書籍として，共立出版からデータサイエンス・シリーズ（全 12 巻）が 2001 年から出版されており，林・田口先生の後もデータから科学的な手法で情報を得ることに対し関心があったことが理解できます（林先生は，その後 2001 年に『データの科学』という本も上梓されています）。

　むしろ，このような土壌があったからこそ，データサイエンスに関連する研究者や実務家が増え，今の時代を形成していると考えられます。ただし，データサイエンスをこれからさらに発展させるために重要なことがあります。岩崎（2019）はその著書で，「データサイエンス ＝（統計学 ＋ 情報科学）× 社会展開」としており，理論研究と応用研究のバランスの重要性を指摘しています。データから得られた示唆を，どのように社会に展開するかを考えることも重要ですが，社会展開だけを考えるデータサイエンスは意味がありません。なぜなら，社会の課題を解決するには，複雑な課題について取り組まざるを得ず，難しい判断が求められます。その際は，基礎に立ち返り，原理原則を理解したうえで分析を行う必要があります。基礎のない応用はありません。基礎がしっかりして初めて社会の課題に取り組めるため，基礎的な研究や理論研究も，データサイエンスでは取り組むべきでしょう。

✎ 課　　題

① 　データを用いて，社会（ビジネスを含む）の課題を解決した事例を挙げましょう。

② 　①で挙げた事例について，なぜ，データを用いて課題が解決できたかを考えましょう。

③ 　身近にあるデータを 5 つ挙げてください。それら 5 つのデータを用いて，どのような課題が解決できるかを考えましょう。

④ 　③で挙げた課題に対し，データ以外に必要なものがないかを考えてみましょう。

📚 参考文献

岩崎学（2019）『事例で学ぶ！　あたらしいデータサイエンスの教科書』翔泳社。

藤本浩司・柴原一友（2019）『AI にできること，できないこと——ビジネス社会を生きていくための4つの力』日本評論社。

古川一郎・守口剛・阿部誠（2003）『マーケティング・サイエンス入門——市場対応の科学的マネジメント』有斐閣。

渡邊純一郎・藤田真理奈・矢野和男・金坂秀雄・長谷川智之（2013）「コールセンタにおける職場の活発度が 生産性に与える影響の定量評価」『情報処理学会論文誌』54（4）：1470-1479。

Broussard, M.（2018）*Artificial Unintelligence: How Computers Misunderstand the World*, MIT press.

Dhar, V.（2013）"Data science and prediction," *Communications of the ACM*, 56（12）：64-73.

Goodfellow, I., J. Pouget-Abadie, M. Mirza, B. Xu, D. Warde-Farley, S. Ozair, A. Courville, and Y. Bengio（2014）"Generative Adversarial Nets," *Advances in Neural Information Processing Systems*, 27.

Press, G.（2013）"Data Science: What's The Half-Life of A Buzzword?" https://www.forbes.com/sites/gilpress/2013/08/19/data-science-whats-the-half-life-of-a-buzzword/#39294227bfd3

Sculley, D., G. Holt, D. Golovin, E. Davydov, T. Phillips, D. Ebner, V. Chaudhary, M. Young, J-F. Crespo, and D. Dennison（2015）"Hidden Technical Debt in Machine Learning Systems," *NIPS'*15: *Proceedings of the* 28th *International Conference on Neural Information Processing Systems*, Volume 2: 2503-2511.

Woods, D.（2011）"Big Data Requires a Big, New Architecture." https://www.forbes.com/sites/ciocentral/2011/07/21/big-data-requires-a-big-new-architecture/

第2章

データ収集のための基礎知識

ビッグ・データは，新しいデータ取得の基盤技術が登場したことにより生じた
データです。データの取得に関する技術の変化は，収集されるデータの変化につ
ながります。そして，収集されるデータの変化は分析手法に影響を与え，新しい
データに合わせて新しい分析手法が提案されてきました。そのため，過去から現
在まで，データの取得方法にどのような変化があり，その結果，どのようなデー
タが得られるようになったかを理解することは，現状のビッグ・データの特徴を
理解するうえで欠かすことができません。

1 データ取得の基盤技術

●── データ取得方法の変遷

　情報通信技術の発達は，多様なデータを生み出し，同時に，それらのデータ
の取得コストを下げました。その結果，ビジネスで活用できるさまざまなデー
タが，低コストで扱えるようになり，ビジネスの意思決定にデータが活用でき
る場面が増加しました。このことが，実務において，データサイエンスが注目
されるようになった背景にあります。

　情報通信技術が発達する以前は，データは人を介して収集するものでした。
消費者が有するブランド・イメージや商品の利用実態などに関するデータは訪
問調査や郵送調査[1]により収集していました。また，POS データが普及する以

---

[1] 訪問調査とは，抽出した調査対象者の自宅を訪問し，その場で回答を得る，もしくは，調
　査票を渡し，回答した結果を郵送で戻してもらう調査方法です（後者を訪問留置調査と呼び
　ます）。郵送調査とは，調査票を郵便で送付し，回答してもらう調査方法です。どちらもイン
　ターネット調査が普及する前に広く使われた調査方法です。

前は，店頭の商品の売れ行きを確認するには，棚卸調査を行い，店頭と在庫の
データと売上を突き合わせ，どの商品がいくつ売れたかを確認していました。
これらの調査では回収した調査結果をデータ化するため，コンピュータへの
入力作業が不可欠でしたが，入力する際に，回答の入力漏れや誤入力を防ぐた
め，2 人の作業者が入力し，入力された 2 つのデータに差がないかを確認する
など，データの質を担保するためにコストと時間を掛けていました。

　人手を経由し収集されるデータは，このように時間とコスト（手間）が掛か
り，その分の費用を掛ける価値がある（リターンが十分に期待できる）ときのみ，
データが収集され，分析されてきました。このような状況では，実務において
データを分析するシーンが限られており，現在のようなデータサイエンスが発
展する余地はほとんどありませんでした。

　品質の高いデータが，現在のように身近にあふれるようになったきっかけ
は，データを自動的に収集する機械，ならびに，収集のための仕組みが登場し
たからです。例えば，店頭の商品の売れ行きが，いつでも把握できるのは，商
品のバーコードを読み取る光学読み取り装置が開発され，それを用いた POS
システムが構築されたからです。日本で POS システムが使われるようになっ
たのは，百貨店用の POS である「NCR280 リテイル・ターミナル」が 1970
年に登場してからです[2]。その後，チェーンストアの発展，特に，コンビニエ
ンス・ストアの発展とともに POS システムも普及していきました。この装置
ができる以前は，店頭の売上を確認するには，先に説明したように人手による
棚卸調査が必要であり，日常的にどの商品が売れているのかについて，理解す
ることは容易ではありませんでした。

　データを収集する機械が開発されたことは，データ収集の省力化以外に，デー
タの正確性という点でも大きな変化をもたらしました。POS データが登場
する以前は，先に述べたように売上を確認するには，店頭の在庫を人手により
1 つずつ確認する必要がありました。人手により計測した量は，常に正しく記
録されるわけではなく，記入漏れや誤記入などが生じる可能性は常にあり，対
策を講じたとしても，人が行う作業であるため，人為的なミスを完全になくす

---

[2]　概要については以下の Web サイトを参照のこと。https://www.ncr.co.jp/about_ncr/
who/register/reg09

ことは不可能でした。一方，バーコードによる光学読み取り措置では，読み取ったデータはすべて記録されます。そのため，情報の網羅性，正確性が常に担保されています。

　正確なデータが低コストで，自動的に収集できることは，実務におけるデータの活用を促しました。POS システムは，そもそも店頭の精算を容易にし，店舗の売上・利益を正しく測定することを目的に導入され，現在のようにマーケティングに用いられるために導入されたわけではありませんでした。後になって，売上が日次単位で正確に記録されていることから，マーケティングへの活用が考えられたのです。実際，POS システムが導入されてから，マーケティングに活用されるまで，かなりの時間が掛かっています。日本に POS システムが導入されてから 12 年経過した 1982 年に，セブン–イレブン・ジャパンが世界で初めて POS データをマーケティング，マーチャンダイジング[3]に活用しました[4]。

　インターネットの普及は，データの収集環境という点で，さらなる変化をもたらしました。POS データを収集するには，POS システムを導入する必要がありますが，インターネット上の人々の行動（検索したキーワードや訪問したサイトなど）は，特別な装置なしに収集することができます。このことは，データを収集するコストのさらなる低下を意味しています。加えて，装置を用いてデータを収集する際は，何らかの目的のために設計された装置を用いるため，収集されるデータは限定されます。先に述べた POS システムでは，収集されるデータは，システムが設置されている店舗のデータのみです。一方，インターネットを経由して収集されるデータは，人々のインターネット上のすべての活動を記録することができるため，数字，文章，音声，画像，動画といった生活に関するさまざまなデータが，収集・蓄積されています。その結果，実務で活用できるデータの種類は大きく拡大しました。

　この状況をさらに加速させたのが，スマートフォンの普及です。スマートフ

3　「流通業がその目標を達成するために，マーケティング戦略に沿って，商品，サービス及びその組み合わせを，最終消費者のニーズに最もよく適合し，かつ消費者価値を増大するような方法で提供するための，計画・実行・管理のことである」（田島 2004：30）。

4　https://www.sej.co.jp/company/aboutsej/info_03.html

ォンはパーソナル・コンピュータ (PC) と同じように Web 上の行動のデータ
を収集する装置という側面があります。しかしながら，スマートフォンと PC
は根本的に異なる部分があります。PC は，どこかある場所に固定されたもの
ですが，スマートフォンは，利用者が常に持ち歩くことができるため，所有者
の 1 日の行動，生活全体のデータを収集できるようになりました。

　PC からスマートフォンへの変化は，インターネットにつながるデバイスの
小型化の流れの一環でもあります。現在では，スマートフォンよりもさらに小
型化した，ネット接続のデバイスを内蔵した Amazon Dash[5]や工作機械や家
電が現れ，インターネットに接続できる「モノ」が増加しました。インターネ
ットに接続できる「モノ」を IoT (Internet of Things) と呼びますが，2016
年時点では，世界で IoT デバイス数は 241 億個でしたが，2021 年に 447.9 億
個へと，5 年間で概ね倍増すると見込まれています[6]。POS データや，ネット
から得られるデータは，人の活動を記録したデータでしたが，現在では，機械
に取り付けたセンサーの情報が，インターネットで収集されるようになり，人
以外のデータも収集，蓄積される時代となりました。この人以外のデータは，
すでにビジネスに活用され，ジェット・エンジンのメーカーであるロールス・
ロイス社では，旅客機のエンジンに取り付けられた IoT デバイスからデータ
を収集し，エンジンの状況をリアルタイムに把握し，適切なメンテナンス時期
を提案しています[7]。また，タイヤメーカーのブリヂストンでは，タイヤに設
置した IoT デバイスからデータを収集し，燃費改善を提案するといった例が
報告されています[8]。

　データ収集基盤の変遷は，図 2.1 のようにまとめることができます。この図
を見ると過去と比べてビッグ・データの時代の特徴的な点やデータサイエンス
の重要性が理解できます。

　なお，ビッグ・データとは単に量が多いデータのことではありません。

---

[5]　商品の発注をインターネット経由で行うことができる小型のデバイスです。現在，Amazon Dash の販売はされていません。

[6]　令和元年版情報通信白書。

[7]　https://www.rolls-royce.com/media/our-stories/discover/2020/intelligentengine-explainer.aspx

[8]　『日本経済新聞』2020 年 7 月 5 日付。

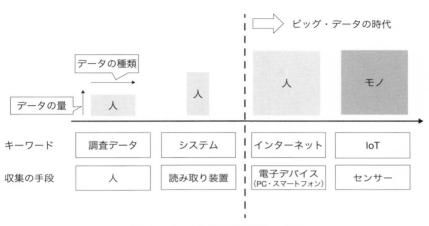

図 2.1 データ取得の基盤技術の変遷

Laney (2001) はデータを管理するにあたり，3 つの V (Volume〔量〕，Velocity〔更新頻度〕，Variety〔変数の数〕) に注意する必要があると指摘していますが，このことは，図 2.1 のようにデータの縦と横が長くなることを意味しています。

　例えば，LINE というソーシャル・メディアでは，国内のアクティブユーザ数は 2020 年の 9 月末の時点で 8600 万人を超え，我が国の人口の約 68% が利用しており，その利用履歴は膨大な量になります。また，1 日のうち LINE を数十回利用する人もおり，その結果，データの更新頻度は高くなります（スーパーの買い物を毎日する人はいますが，同じ日に複数回利用することはほとんどないことを考えると，LINE の更新頻度の高さが理解できるでしょう）。また，LINE ではさまざまなサービスを，利用者に提供しています（スーパーの POS データは買い物だけです）。それらの多岐にわたるサービスの利用履歴はデータの各変数として保存されていますので，変数が多いことも理解できるでしょう。

●── データの取得の仕組みとデータ分析

　データの取得のための基盤技術は，光学読み取り装置やスマートフォンのようにハード面だけではなく，ソフト面の基盤技術，データ取得の仕組みも重要です。図 2.2 にあるように，POS システムは，販売動向だけではなく，小売

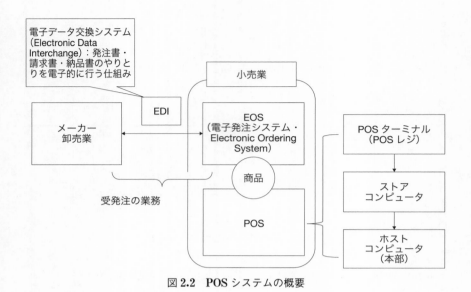

図 2.2　POS システムの概要

業の受発注の業務と関連し，流通システム全体に関わります。そのため，POS
システムを活用するためには，何らかの規則を作り，統一的なルールで運用す
る必要があります。そのような機関として，財団法人流通システム開発センタ
ーが 1972 年に設立されました。当センターを中心に，POS データを利用する
環境の整備（例えば，JAN コードとこれに付随する商品情報を一元的に管理するデー
タベースの整備・運営[9]）が進められたことにより，バーコードを読み取った結
果，どのような商品が売れたのか理解できるようになりました。加えて，POS
レジでスキャンした情報を扱うには，図 2.2 に示したように店舗のコンピュー
タさらに本部のコンピュータが必要となり，データを収集するにあたり，POS
レジだけではなく，その周辺を含めたシステム全体が円滑に稼働するように設
計することも重要です。

　POS データを分析することで「何が」売れたかは理解できますが，「誰が」
購入したかは理解できません。標的としている消費者に働きかけることは，マ
ーケティングの基本ですので，「誰が」を理解することは必要不可欠です。そ

---

[9]　このサービスのことを JICFS/IFDB（JAN コード統合商品情報データベース）と呼びま
す。

のため，POS データが普及すると，次に，個人の購買履歴を特定するための
システムが整備されました（通常は会員カードを発行し，そのカードの ID により個
人を識別します）。この POS データに ID が付与されたデータを，ID 付き POS
データと呼びます。Woolf（1996）は，上位 3 割の顧客が売上の 7 割に貢献し
ていることを示し，顧客に見合った対応をとる重要性を示しました。その結
果，企業のマーケティングが顧客を中心に変化するようになりました。ID が
付与された POS データでは，「誰が」を特定できるため，当該の顧客が何回自
社の商品やサービスを利用していたのかを理解できるようになり，顧客別の貢
献度が明らかになりました。

　顧客の貢献度に応じて，顧客別にサービスの提供などを変える手法は，航空
会社のマイレージ・プログラムが先駆けで，その後，小売業へと広がっていき
ました。特に，イギリスの小売業のテスコがダンハンビー社とともに自社で収
集している顧客データを分析し，マーチャンダイジングやマーケティングに
活用することの意味を業績という明確な形で示すことができた点は，ID 付き
POS データの価値を世に知らしめました（Humby, Hunt, and Phillips 2008）。

　ID 付き POS データを扱うことにより，個人情報の管理，POS データより
容量が大きいデータの管理といった，POS データを扱ううえでは必要がなか
ったノウハウの他に，新しい分析手法の開発が必要になりました。加えて，自
社の優良な顧客のデータは，自社の売上や利益の源泉であるため，他社と共有
することはできません。そのため，顧客を管理する仕組みは，自社で開発する
必要があります。その際，顧客の購買履歴データなどの分析は必須ですので，
ID 付きのデータを分析できる人材が必要となりました。同じことはインター
ネット経由で収集されるデータにも当てはまります。自社のサイト経由で蓄積
されるデータが，自社にとって重要なデータであれば，外部と共有することが
できず，結果として，自社でデータを分析する機会が増加することとなり，必
然的にデータを分析する人材が必要となります。現代の社会は，インターネッ
トを利用せずに活動できる企業は，ほとんどありません。そのため，さまざま
な企業でデータを分析できる人材の必要性が増しました。

　なお，データサイエンス教育の必要性が指摘されていますが，日本の教育機
関において，データサイエンスに関連した教育が，まったく行われてこなかっ

たわけではありません。例えば，経営工学は，データをもとに，最適化，統計学，機械学習の手法を用いて，企業の生産，意思決定の合理的な解決を目的とした研究領域です。加えて，近年では，経営工学が扱う研究領域が拡大し，サービス業，企業内部組織，病院などの公的セクターなど，研究するフィールドも拡大しています。まさしく，現在のデータサイエンスがめざしている部分と合致します。他にも，情報学や心理学などでもデータを扱った教育を行っています。

2　データの種類

　データサイエンスが注目される理由として，インターネットの普及により，実務の意思決定に用いられるデータが増えたことが原因の 1 つであると，先に言及しました。また，それらのデータの中には，顧客に関するデータなど，自社で管理するべきデータが増えたことも，データサイエンスが注目されている理由です。

　データの種類が多いということは，データを利用する目的に応じて使い分けをする必要があるということです。そのため，それぞれのデータにどのような特徴があるのかを理解することが，データを活用するうえで不可欠です。情報通信審議会 ICT 基本戦略ボード（2012）による調査結果では，データを次の 8 種類に分類しています。

- ● ソーシャルメディアデータ：ソーシャル・メディア上で利用者が投稿するコメント，「いいね」などのリアクションおよびプロフィール
- ● マルチメディアデータ：ウェブ上の配信サイトなどで提供される音声・動画などのデータ
- ● ウェブサイトデータ：EC サイトやブログ等において蓄積される購入履歴やエントリーなどのデータ
- ● センサーデータ：GPS，IC カードや RFID[10] において検知される位置，乗

10　RFID（<u>R</u>adio <u>F</u>requency <u>I</u>dentification）：無線を利用して非接触で電子タグのデータを読み書きする自動認識技術。現在，セルフ・レジの精算にも使われています。

車履歴，温度，加速度などのデータ

- オペレーションデータ：販売管理等の業務システムにおいて生成される POS データや取引明細のデータ
- ログデータ：ウェブサーバー等において自動的に生成等されるアクセス・ログ，エラー・ログなどのデータ
- オフィスデータ：オフィスの PC 等において作成等されるオフィス文書，E メールの文章ならびにそのやりとりに関するデータ
- カスタマーデータ：CRM システムにおいて管理等される DM 等販促デ゛ータ，会員カードデータ等のデータ

　上記以外にデータを活用する視点でデータを分類する基準がいくつかあります。この基準はデータの特徴を知るうえで重要です。データを分類する基準は，データを利用する目的や分析前のデータの加工の必要性，分析手法の選択に影響を与えます。例えば，データは量的データ，質的データというように，量と質という基準で分類できます。この量と質という基準でデータを理解していないと，データから何らかの仮説を導きたいとき，とりあえず状況を整理したいとき（量的な結果を用いて判断を行う必要がないときなど）に，質的なデータを用いて仮説の抽出や状況の整理といったことを行うということができないでしょう。

●── 消費者（顧客）由来／ビジネス由来

　ビジネスの活動は，新商品開発などの創造的な活動と，生産性の向上を支援する活動の 2 つに大別できます（星野・上田 2018）。データサイエンスが注目される理由の 1 つは，企業の何らかの活動が，データとして保存されており，そのデータを分析することで，これまでの活動の問題点が明らかになり，具体的な改善案を得ることができる点です。

　先に言及した 8 種類のデータでは，消費者（顧客）の発言や行動を記録したデータと，ビジネス活動に付随した行動を記録したデータに分類できますが，それぞれ，自社の生産性の向上に利用できます。消費者（顧客）由来のデータは，自社の対外的な活動に対する消費者の反応です。消費者の反応に関するデ

ータは以前からありましたが，ビジネスの活動を記録したデータにおいて，業務改善を行えるだけの量・質のデータを低コストで利用できるようになったのは，このビッグ・データといわれる時代になってからです。

なお，先の8つのデータの中で，消費者由来のデータは「ソーシャルメディアデータ」「マルチメディアデータ」「ウェブサイトデータ」「ログデータ」「カスタマーデータ」であり，後者のビジネス由来のデータは，「センサーデータ」「オペレーションデータ」「オフィスデータ」になります。先に述べた IoT のデータは，「センサーデータ」であり，センサー由来のデータは，今後，急速にそのデータ量の増加が見込まれます。

●—— **集める／集まる**

データには「集める／集まる」という基準もあります（星野・上田 2018）。光学読み取り装置などのデータを収集する機械が発明される前は，データは対象者，調査項目を設計し「集める（収集する）」ものでした。別の言い方をすると，データは何らかの意図を持って，「集める」必要がありました。情報技術の進歩，特に，インターネットの普及とサーバーの低コスト化により，データを蓄積する環境が整った現在では，データとは「集める」ものだけではなく，「集まる」ものもあり，「集める／集まる」という新しい基準が出現しました。

集まるデータは自社の何らかの活動を正確に記録したデータであり，自社のビジネスの効率性を追求するうえで必要不可欠なデータです。ただし，集まるデータは基本的に自社に関するデータ，もしくは，自社に関心のある消費者のデータです。「集まる」データを分析すると，自社の顧客の動向は理解できますが，他社の顧客の動向は理解できず，市場全体の動向を理解することは難しいでしょう。そのため，集まるデータには，分析対象の母集団に偏りがあることを念頭に入れ（選択バイアス[11]が生じる可能性が高い），分析を進める必要があります。この問題を解決するには，「集める」データによる補完が必要です。

この「集まる」データの出現は，単に，データの種類を増加させただけではなく，図2.3のように，従来の「集める」データとは異なる分析フローを生み

---

[11]　星野（2009）の定義では，「母集団を代表しないデータから得られた推論の誤り」となっています。

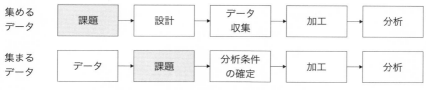

図 2.3 「集める」データと「集まる」データの分析フロー

出しました。「集める」データでは，何らかの課題があり，データを収集していましたが，「集まる」データでは，分析のもととなるデータはすでに手許にあり，課題に対応した分析用のデータを，抽出するための条件を設定します。その設定に基づいて得られたデータを用意し，分析を行います[12]。この分析条件の設定により分析結果が異なる可能性があるため，細心の注意を払って決定する必要があります。

　どちらのフローもデータを収集した後，分析しやすいように加工しますが，「集まる」データは，分析する目的のためにデータを収集しているわけではありませんので，分析に適した型に加工する時間が必要です。データの加工に時間が掛かるというデメリットはありますが，「集まる」データは，分析者の手許に常にデータがあるため，分析条件を再度設定し，再分析することが可能です。そのため，データを中心とした PDCA サイクルを回すことが容易というメリットもあります。

　データが「集まる」という特徴は，データの処理の仕方に変化をもたらしました。データが自然に集まるならば，そのデータをサーバーにためず，流れるままに分析したほうが，何らかの異常が生じた際に，即座に対応することができます。このようなデータの処理を，バッチ処理（まとまった量のデータを蓄積したのちに処理する方法）と区別してストリーム処理と呼びます。ストリーム処理はすでに実用化されており，株式のアルゴリズム取引，工場の異常値感知などに用いられています。ストリーム処理は「集まる」データに適しており，図2.3 で示したように，「集める」データの分析フローでは，データをストリーム処理することは難しいでしょう。

12　具体的なイメージは，図 2.7 を参照してください。

●── 集計／非集計

データを分析する目的は，大きく分けて 2 つあります。1 つは概要の理解，もう 1 つは詳細な分析を通じて，課題の構造や解決策の示唆を得ることです。前者においては，すでに何らかの単位で集計され，概要が即座に理解できるデータが望ましく，後者の場合は詳細な分析ができるように，集計されず，調査対象の単位別のデータであることが望ましいでしょう。前者のようなデータを集計型データといい，後者のようなデータを非集計型データと呼びます[13]。

集計型データ，非集計型データは，どちらも身近にあふれています。例えば，スーパーで買い物すると，買い物ごとにデータが保存されますが，このデータをジャーナル・データと呼びます（買い物した際に受け取るレシートの内容を記録したデータです）。POS データはジャーナル・データを単品・日別，単品・週別などのある単位で集計した結果です。非集計のジャーナル・データは，購買時の状況を捉えているため，マーケティングやマーチャンダイジングに活用しやすいという特徴があります。例えば，ジャーナル・データを用いて，ショッピング・バスケット分析[14]を行い，同時に購入されやすいカテゴリーを明らかにし，販売促進活動に利用するといったことが可能です。

一方で，非集計のジャーナル・データは，POS データではできない分析ができますが，各レシートのデータを保存するため，そのデータ量が多くなり，保存コストが高くなるという問題があります。また，ある商品の売れ行きを確認したいといった目的には，都度，集計する必要があり，欲しい情報が欲しいときに得ることができないという問題もあります。データを用いて，現状を確認したいというときには，事前に，何らかのフォーマットに従って取りまとめ，集計データとして保存したほうが実務において利用しやすい場合もあります。どちらかのデータで保存するべきという問題ではなく，問題に応じてデータを使い分ける必要があります。

---

[13] 集計型データを再構成型データ（restructuring data）と呼ぶことがあります（http://www.r-bloggers.com/aggregation-and-restructuring-data-from-?"r-in-action?"/）。

[14] ショッピング・バスケット分析については，章末のコラム②を参照してください。

●── 構造化／非構造化

　ある統一したルールでデータベースに蓄積され，列と行でその内容を指定できるデータを構造化データと呼びます。一方，文章，画像など，データの構造に対する規則性がないデータを非構造化データと呼びます。この定義によれば，前述した POS データは構造化データ，Web のアクセス・ログは非構造化データになります。Web のアクセス・ログは，共通ログ形式（Common Log Format：CLF）という形式であれば，

$$\underline{192.000.0.0}_{①} \; \text{- -} \; \underline{[01/\text{Aug}/2020:12:10:15 \; +0900]}_{②}$$
$$\underline{\text{``GET / HTTP/1.1''}}_{③} \; \underline{200}_{④} \; \underline{1500}_{⑤}$$

　①クライアント（アクセスしたデバイス）の IP アドレス

　②アクセスした日時（末尾の「＋0900」は協定世界時より 9 時間早い地域
　　（日本はこの地域に含まれる）を表す

　③リクエスト行（実際にアクセスしたファイル）

　④ステータスコード（200 であればリクエストに成功）

　⑤送信されたデータのバイト数

のようになっており，このデータをもとに，ある時間帯別の検索件数を求めるには，上のようなログ・データから時間を切り出し，時間帯のデータに再集計します。また，日本語の文章を分析する際，通常，形態素解析によって，形態素[15]への分解を行ってから，頻度や言葉のつながりに関する分析を行います。画像のデータであれば，HTML 文と画像のそれぞれのアクセス・ログを，取りまとめる必要があります。

　非構造化データを分析する際に手間が掛かるのは，ログ・データや文章から必要な情報を抜き出す際に手間が掛かるだけではなく，データそのものの量の多いことも原因です。例えば，あるページに画像が 3 枚貼り付けられていれば，HTML 文と画像 3 枚分の計 4 行のアクセス・ログとして記録されており，自然にデータの量が多くなります。データの量が多いことは情報が多いことを意味しており，悪いことではありませんが，データを活用するうえでは，蓄積されたデータ全体を分析していては時間が掛かり過ぎます。そのため，データ

15　言葉で意味を持つ最小単位。通常は，単語や記号と理解しても差し支えありません。

を活用するうえでは，未加工の非構造化データだけを保存するのではなく，分析しやすい形式にまとめたデータを用意しておく必要があるでしょう。

●── 質／量

　データには質と量という分類の基準[16]もあります。ビジネスにおいて，何もない状態から発想し，仮説を立てることは容易ではありません。一方で，仮説を設定した後には，その仮説が正しいか否かを確認するために，数値という定量的な事実を用いる必要があります。仮説を立てる際には，質的特性を有したデータを用います（このようなデータを質的〔定性的〕データといいます）。一方，仮説の確認で用いるデータは，量的な特性を有し計算可能なデータを用います（このようなデータを量的〔定量的〕データと呼びます[17]）。量的データは，ある母集団から収集されたデータを用いて，その母集団の特徴を理解する際に利用し，母集団に対する代表性について考慮する必要があります。質的データは，事象全体の理解，仮説の抽出を目的としているため，母集団の代表性について必ずしも考慮する必要はありません。むしろ，その事象を特徴的に表す内容のほうに関心がありますので，時には，分布の中心付近のデータではなく，分布の端にあるデータに関心がある場合もあります。

　これまでは質的なデータを得る際にも，調査を行い収集していました。ただし，消費者から真の意見を得ることは容易なことではありません。マーケティングにおいて，消費者の真の意見を収集することに失敗した例として，コカ・コーラのリニューアル（New Coke という商品の発売）やトロピカーナのパッケージ変更の必敗（新しいパッケージに変更したが 6 週間後には以前のパッケージに戻した）などがあります（Rappaport 2011）。そこで，注目されたのが，消費者の自発的な意見を収集することができる，ソーシャル・メディアやファンサイト上の発言です。消費者調査を用いて，消費者の意見を収集することが難しい理由は，調査項目に対し，消費者が本当の意見を述べることが難しいからです。一方，ソーシャル・メディアやファンサイトの発言は，消費者自らの自発的な発言のため，消費者の本音が得られやすいという利点があります。実際，ソー

16　定性，定量としている書籍もあります。

17　質的変数，量的変数ともいいます（この言葉は第 4 章でも扱います）。

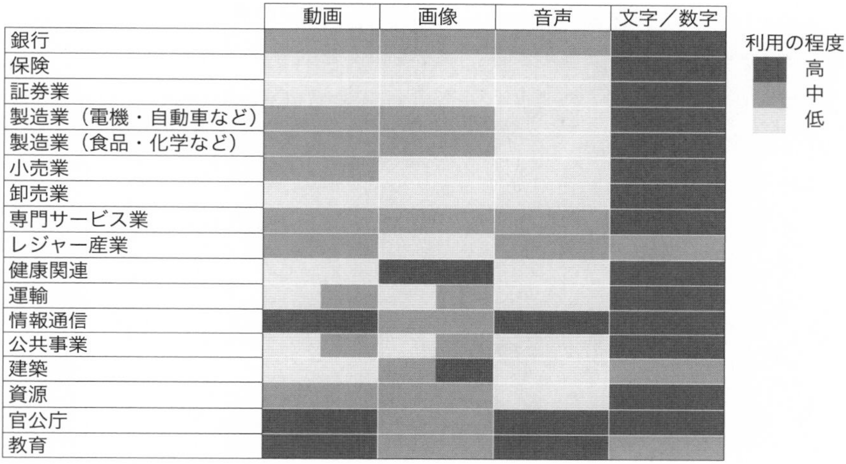

	動画	画像	音声	文字／数字
銀行				
保険				
証券業				
製造業（電機・自動車など）				
製造業（食品・化学など）				
小売業				
卸売業				
専門サービス業				
レジャー産業				
健康関連				
運輸				
情報通信				
公共事業				
建築				
資源				
官公庁				
教育				

利用の程度
高
中
低

（出所）　McKinsey Global Institute（2011）

図 2.4　業種と取り扱うデータの差異

シャル・メディアやファンサイトの発言はビジネスに利用されています。消費者の自発的な意見をもとに開発した商品の成功事例としては，良品計画の「LED 持ち運びできるあかり」があります。

　ビッグ・データが現れる以前は，質的データと量的データを異なる手法で収集していましたが，現在では同じデータを用いて仮説の検討，仮説の確認をすることがあります。例えば，ソーシャル・メディア上の一部の発言から仮説を抽出し，その仮説が正しいか否かを当該のソーシャル・メディア全体において確認する場合があります。

● ── 数字，文字，画像，動画

　先に，インターネットが普及した現在では，データが企業の活動を通じて自然に集まってくる，もしくは，内部で発生すると説明しました。ただし，集まってくるデータは，業種によりその内容は異なります。このことは，業種により取り扱うデータが異なることを意味し，同時にデータサイエンティストに求められるスキルが異なることを意味しています。

　これまでは，データは数字または文字として生み出され，保存されてきまし

たが，現在では，画像や動画という形式でも得られ，画像や動画の利用を重視する業種や部署もあります。実際，図 2.4 にある通り，業種によって生み出されるデータの種類が異なります（McKinsey Global Institute 2011）。そのため，業種によりデータサイエンティストに求められるスキルが異なることが理解できるでしょう。健康関連の業種・事業部であれば画像データ，教育関連の産業・業種では，動画データとの関連が高いため，これらのデータに関するスキルが必要となります。

3　収集したデータの注意点

●── データの基本構造

　データの構造を考えるとき，データは表のような構造であると考えると，その特徴が理解しやすいでしょう（図 2.5 参照）。表とは，表側[18]と表頭[19]に情報があり，通常，表側は観測（測定）する対象を配置し，観測対象を識別する番号や記号（これを識別子という）が記録されています。表頭は観測（測定）する項目が配置され，それぞれの列は，変量（variate）を表しています。表頭と表側で囲まれた区画（セル）は，観測対象における測定項目である変量の値（value）であり，観測（測定）した結果が記録されています。

　データの基本構造が表であれば，データは行と列でその大きさを表現することができ，行と列で観測した結果のセルを指定することが可能です。例えば，表 2.1 のようなデータでは，データの大きさが 6 行 5 列のデータであり，i さんの教科 j の得点を Score_{ij} とすると，C さんの英語の得点は，$\text{Score}_{33} = 95$ と表現でき，**3** 行目の第 **3** 列のデータということです（この i, j を「添字（subscript）[20]」と呼びます）。各セルの値，変量の値により，データを型（type）に分類することができます（この型を尺度〔scale〕と呼びます）。この型については，本章の第 4 節「変数の分類と活用」で説明します。

18　表側は「ひょうそく」と読み，表の左側の項目を指します。
19　表頭は「ひょうとう」と読み，表の最上部にある項目を指します。
20　添字を用いると，データの中の特定のデータを指定できるだけではなく，後述のように，モデル式を理解するうえでも役立ちます。

（出所）　上田・生田目（2017）。

図 **2.5**　データの基本的な構造

表 **2.1**　5 教科の成績のデータ

id	数学	理科	英語	国語	社会
A	80	75	90	70	65
B	95	80	75	70	70
C	65	75	95	80	75
D	75	95	80	75	70
E	75	65	80	75	90
F	80	75	70	70	80

　データ分析関連の書籍や論文を読んでいると，式を構成する変数に添字がついていることに気づくでしょう。例えば，日別の清涼飲料の売上金額は，i という日付の売上金額ですので，「y_i」と表現でき，i という日の売上金額とその日の気温（X_i）の関係を式で表現すると，以下のように記述することができます（ε_i は誤差項です。誤差項とは，売上金額の y_i から下の式の右辺の $\alpha + \beta x_i$ を引いた結果です）。

$$y_i = \alpha + \beta x_i + \varepsilon_i$$

　i は日付を表現していますので，この式のもととなるデータは以下のように，期間分（表 2.2 の例では 10 日分）だけの売上金額と気温が記録されたデータになります。

表 2.2　5 月 1 日〜10 日までの売上金額と気温のデータ

日付(i)	売上金額(y)	気温(x)
5 月 1 日	1000	21.5
5 月 2 日	1100	23.0
5 月 3 日	950	20.7
5 月 4 日	1050	20.8
5 月 5 日	1200	23.6
5 月 6 日	1070	22.5
5 月 7 日	890	20.0
5 月 8 日	980	21.3
5 月 9 日	1340	24.5
5 月 10 日	1120	23.3

　一方で，α と β に i が表記されていない理由は，それぞれの値が 1 つしかないためです。式の内容を正しく表現するためにも添字は必要です。もし，上の式を添字なしで以下のように表記すると，売上金額と気温がそれぞれ日数分あるか，式から読み取ることが困難になります。式とデータの構造はリンクしていますので，レポートや論文で分析に用いたモデルを式で表現する際は，注意が必要です。

$$y = \alpha + \beta x + \varepsilon$$

　データの構造を表す言葉に「相・元」という言葉もあります。相とはデータを構成する消費者や質問の軸のことであり，通常の調査のデータは，対象者と設問で構成されるため，二相のデータです[21]。もし，複数時点の調査のデータ（パネルデータ）であれば，時間という軸が加わるので，三相のデータとなります。図 2.6 のようなデータが三相のデータです。三相のデータでは，その構造の特徴を考慮した分析手法が提案されています。例えば，因子分析[22]であれば三相因子分析という手法があり，また，多次元尺度構成法では，個人差多次元尺度構成法（Individual Differences multidimensional Scaling：INDSCAL）が

---

[21]　元は，相を測定する項目の軸を表わし，その相を何回組み合わせて観測するかを決めます。

[22]　変数の背後にある，共通の因子（この因子は直接観測されない潜在的な因子です）を導き出す手法。

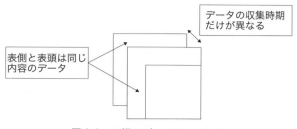

図 2.6　三相のデータのイメージ

あります。

●── 分析に適したデータを得るには

　先の項で言及した通り，データは表側と表頭で定義されます。分析目的に見合ったデータを得るには，表側と表頭のそれぞれが，分析目的に見合ったデータを収集できるように設定する必要があります。

　データの表側は，観測対象を表し，分析目的の対象者と実際のデータの対象者の条件が見合っていることが重要です。第 1 章でデータウェアハウスに蓄積されているデータを分析する際の注意点を指摘しましたが，図 2.7 にある通

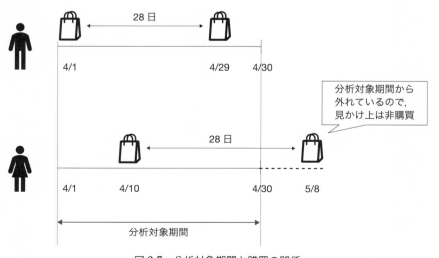

図 2.7　分析対象期間と購買の関係

り，平均的な購買間隔が 1 カ月の商品に対して，分析対象期間を 1 カ月に設定
し，反復購買に関する分析を行っても意味がありません。この分析において，
ほとんど反復購買が見られないという結果が得られても，分析対象期間の中盤
で購入した人の 1 カ月後の購買は，分析対象期間から外れているため，本当に
反復購買が生じていなかったのかは不明です。分析結果に，分析対象期間の影
響が反映されているということも考えられます。通常，この問題を回避するた
め，購買履歴データにおいては，分析対象期間の設定は，対象とする商品（も
しくはカテゴリー）の購買間隔を考慮して決定します。

4　変数の分類と活用

　データは一列一列の変数で構成され，それぞれの変数は尺度により特徴づけ
られます。データの尺度は分析する手法と関連し，データの尺度に応じた手法
を選択する必要があります。データの尺度は 4 種類あり，各尺度を分類する基
準は図 2.8 にある通り，「単位の有無」「原点の有無」「大小関係の有無」の 3
つになります。

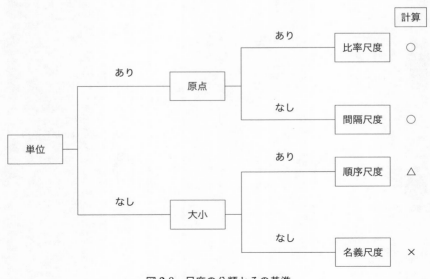

図 2.8　尺度の分類とその基準

　上に示した3つの基準の他に，計算可能か否かという基準も，データの尺度を判別するときに役立ちます。計算の過程で平均値や分散を用いる手法は，名義尺度では平均値などを求めることができませんので使用できません。一方，「データを保存する際にデータの大きさを小さくして，データの容量を節約したい」，「分析する際に半角の文字・数字であるほうが，コードを書きやすい」などの理由から，本来は文字で記録されるべき内容が数字で記録されている場合があります。例えば，性別は，男性＝1，女性＝2として，データ上では数字として保存することがあります。このとき，データ上では数字であるため，何も考えないと計算ができてしまいますが，その計算結果には解釈すべき意味がありませんので，注意する必要があります。なお，「0」と「1」で表現された名義尺度の平均値は，割合を表します。今，りんご＝1，みかん＝0としたとき，「りんご，りんご，みかん，みかん，みかん」というデータでは，その平均値は，$(1＋1＋0＋0＋0)/5 ＝ 2/5 ＝ 0.4$ となりますが，これはデータ全体に占めるりんごの割合を表しています。

　データの尺度は，何らかのソフトウェアでデータを分析する際にも注意する必要があります。Rという統計分析用のソフトウェアでは，as.factor（もしくは factor）という関数を用いて，数値のデータを計算できない尺度に変換します。上の男女の例で説明すると，as.factor を使うことで，1＝男性，2＝女性のように扱うことが可能となります。下の図 2.9 にある通り，as.factor で変換する前は，ベクトル[23] d は summary 関数を用いて計算，平均値を求めることができますが，as.factor を用いた後の d1 では，summary を用いると，

```
> d<-c(1,1,1,2,5)
> summary(d)
   Min. 1st Qu.  Median    Mean 3rd Qu.    Max.
      1       1       1       2       2       5
> d1<-as.factor(d)
> summary(d1)
1 2 5
3 1 1
> |
```

図 2.9　**as.factor** の事例

23　数字を並べたものです。第3章で詳しく説明します。

それぞれのデータの数の合計を示すだけです（図 2.9 の下から 2 行分の内容は，1 の個数が 3，2 と 5 それぞれの個数が 1 であることを示しています）。

●── 順序尺度の数量化

図 2.8 にあるように順序尺度のデータは計算できませんが，順序の通りに数値をあてはめて分析することがあります[24]。これをリッカート・スケール（Likert Scale）と呼びます。リッカート・スケールは，平均値や分散などの統計量を用いて，データの特徴を理解でき，因子分析などの多変量解析の手法を用いて分析できるという利点があります。ただし，選択肢の間隔が数値と同じように等間隔とは限らないという問題があります。例えば，「好き」「やや好き」「あまり好きではない」という選択肢において，3，2，1 と数値を当てはめ，「好き」と「やや好き」，「やや好き」と「あまり好きではない」の間隔は，計算するとどちらも 1 ですが，意味としてその差が同じであるという保証はありません。

●── 順序尺度の好みの問題

人によって，好みの選択肢があることはよく知られています。例えば，5 段階評価（良い—やや良い—普通—あまり良くない—良くない）では，「良い」や「良くない」という明確な選択肢を好む人もいれば，「やや良い」「あまり良くない」といった中庸な選択肢を好む人もいます。また，国民性により，好まれる選択肢があることも指摘されています（吉野・林・山岡 2010）。そのため，国際調査を行った際，単純な集計では，結果を誤認する可能性があるため，何らかの対策をとることが求められています。

●── 手法の選択

名義尺度のデータに対し，通常の因子分析を当てはめると，その結果が歪むことが報告されています（豊田 1998）。このように，データの尺度により使用できる手法が制限されることは，先に述べた通りです。名義尺度や順序尺度

---

[24]　そのため，図 2.8 では計算できるか否かについて，順序尺度についての評価は「△」にしています。

といったデータを分析するうえで，林の数量化理論などを用いることは広く
知られていますが，同じことは機械学習などの手法にも当てはまります。例
えば，決定木という機械学習の手法では，そのアルゴリズムから，CHAID,
CART，C4.5 などの手法が提案されていますが，これらの手法を適用するに
あたりデータの尺度に制約があります。C4.5 において，分類の基準となる変
数（回帰分析などでいう従属変数）は質的な変数（名義尺度・順序尺度）しか扱え
ませんが，CHAID の基準となる変数は質・量どちらでも利用できます。

●── 単位の問題

比率尺度や間隔尺度には単位があります。この単位が分析結果に影響を与え
ることがあります。Gelman and Hill （2007）は，回帰分析を用いて収入と
身長の関係を明らかにするモデルにおいて，単位を「インチ」と「マイル」に
した際，下の2つの推定結果のように，推定した height の係数が異なること
を著作の中で述べています。

$$\mathrm{Earning} = -61000 + 1300 \times \mathrm{height(inches)} + \mathrm{error}$$
$$\mathrm{Earning} = -61000 + 81000000 \times \mathrm{height(miles)} + \mathrm{error}$$

このようなことを避けるため，scaling という手法により単位を変換して
分析することがあります。単位の影響を除外するという点では，回帰分析
で標準化回帰係数を求める（＝データをすべて標準化して回帰分析をする）こと
も scaling の一種です。標準化以外にも，合理的な理由があれば，収入（円
ベース）であれば 10000 で割る，年齢であれば 10 で割る（Gelman and Hill
2007），データの最大値もしくは，標準偏差で除するなどの方法があります（松
浦 2016）。

●── 実数か整数か

実際にデータを分析するには，比率尺度と間隔尺度について，もう少し理解
を深める必要があります。これら2つの尺度は，量的な特徴を持ちますが，単
に計算できるというだけではなく，実数（連続した値 ＝ 小数）をとるのか，整

数（離散した値）をとるかという点についても注意する必要があります。量的な尺度が実数をとるか整数をとるかは，データを分析する際に，①明示的な指定を要求するソフトウェアがある，②確率分布を考える際に必要になる，という点で常に注意する必要があります。①については，ベイズ推定に用いるstan というソフトウェアでは，データが実数か整数かについて，分析する際に指定する必要があります（指定を間違えると分析できません）。②については，最尤法[25]を用いて推定するモデルでは避けては通れない問題です。例えば，整数しかとらない分布に，ポアソン分布，実数を取る分布にベータ分布があるといったように，データがとりうる数値に応じて，判断する必要があります[26]。データが実数をとるか整数をとるかは，分析をするうえで尺度と同じように注意すべき点です。

コラム②　最後は量的な特徴

　名義尺度のデータ，文字のデータ，画像のデータを分析する際，実際は，直接，文字や画像を分析しているわけではありません。何らかの量的な特徴に置き換えて分析しています。コンピュータを用いて，何らかの関係性を明らかにするには，何らかの量的な基準により判断する必要があり，データに対し何らかの量により特徴づける必要があります。

　例えば，本文中でも取り上げたショッピング・バスケット分析ですが，データは，表 2.3 のように，購買単位（表 2.3 では「購買 ID」）と購買したカテゴリーが記録されていれば分析できます。購買単位，カテゴリーとも名義尺度のデータですので，計算できないデータです。

　そこで，このデータから，式（1）にあるようにリフト値を計算し（式（1）では，カテゴリー A が条件），カテゴリー A が購入されたときに，カテゴリー B が購入されやすいか，リフト値の大きさで判断します。リフト値を求めるうえで，確信度，サポートといった指標を計算する必要があり，「同時購買の回数」「カテゴリー A（もしくはカテゴリー B）が購買された回数」などの数値を計算し，数値としてカテゴリー A，B の特徴を明らかにします。

　リフト値が 1 よりも大きいものは，カテゴリー A が購入されたときに，カテゴ

25　最尤法とは，データから想定している確率分布に尤もらしい母数を推定する手法です。
26　分布については第 4 章の「データ生成のメカニズム」でも取り上げます。

表 2.3 ショッピング・バスケット分析用データのイメージ

購買 ID	カテゴリー
0001	インスタントスープ
0001	食パン
0001	ヨーグルト
0002	食パン
0002	シリアル類
0003	レギュラーコーヒー
0003	牛乳
0003	畜肉ソーセージ
0003	食パン
0003	ベーコン
0003	サラダ

リー B が購買されやすいことを示しています[27]。なお，確信度（A→B）は，A が条件のときの B の購買確率を表し，サポート（B）は B の購買確率を表しています。

$$
リフト値（A \rightarrow B）= \frac{確信度（A \rightarrow B）}{サポート（B）} \tag{1}
$$

$$
確信度（A \rightarrow B）= \frac{A と B が同時に購買された回数（レシート数）}{A が購買された回数（レシート数）} \tag{2}
$$

$$
サポート（B）= \frac{B が購買された回数（レシート数）}{総購買回数（レシート数）} \tag{3}
$$

✎ 課 題

① 天気（気象）に関するデータを 5 つ挙げましょう。それらのデータの尺度を述べた後，比率尺度・間隔尺度であれば，離散変数か連続変数かを述べましょう。

② 単位を変換して分析モデルを作成することには，分析した結果を解釈する際に問題が生じる場合があります。どのような問題か考えてみましょう。

---

[27] ただし，生田目（2017）の指摘にあるように，リフト値が高いものは，結果となるカテゴリー B の購買確率が低い場合があるため，総合的に検討する必要があります。

③　サポートページにあるショッピング・バスケット分析の結果を見て，それぞれの
　カテゴリーにどのような特徴があるか考えましょう。

📚 参考文献

上田雅夫・生田目崇（2017）『マーケティング・エンジニアリング入門』有斐閣。

情報通信審議会 ICT 基本戦略ボード（2012）「ビッグデータの活用に関するアドホック
　グループ」資料，http://www.soumu.go.jp/main_content/000157828.pdf

田島義博（2004）『マーチャンダイジングの知識〔第 2 版〕』日本経済新聞社。

豊田秀樹（1998）『共分散構造分析〔入門編〕——構造方程式モデリング』朝倉書店。

生田目崇（2017）『マーケティングのための統計分析』オーム社。

星野崇宏（2009）『調査観察データの統計科学——因果推論・選択バイアス・データ融
　合』岩波書店。

星野崇宏・上田雅夫（2018）『マーケティング・リサーチ入門』有斐閣。

松浦健太郎（2016）『Stan と R でベイズ統計モデリング』共立出版。

吉野諒三・林文・山岡和枝（2010）『国際比較データの解析——意識調査の実践と活用』
　朝倉書店。

Gelman, A. and J. Hill（2007）*Data Analysis Using Regression and Multi-
　level / Hierarchical Models*, Cambridge University Press.

Humby, C., T. Hunt, and T. Phillips（2008）*Scoring Points: How Tesco
　Continues to Win Customer Loyalty*, Kogan Page Ltd.

Laney, D.（2001）''3D Data Management: Controlling Data Volume, Velocity,
　and Variety.'' https://blogs.gartner.com/doug-laney/files/2012/01/ad949-3D-
　Data-Management-Controlling-Data-Volume-Velocity-and-Variety.pdf

McKinsey Global Institute（2011）''Big data: The next frontier for innovation,
　competition, and productivity.'' https://www.mckinsey.com/~/media/McKi
　nsey/Business%20Functions/McKinsey%20Digital/Our%20Insights/ Big%20
　data%20The%20next%20frontier%20for%20innovation/MGI_big_data_exec_su
　mmary.pdf

Mikolov, T., K. Chen, G. Corrado, and J. Dean（2013）''Efficient Estimation of
　Word Representations in Vector Space,'' *Proceedings of the International
　Conference on Learning Representations*（*ICLR* 2013）.

Rappaport, S. D.（2011）*Listen First*!, Wiley.

Rossi, P. E., Z. Gilula, and G. M. Allenby（2001），''Overcoming Scale Us-
　age Heterogeneity: A Bayesian Hierarchical Approach,'' *Journal of the*

American Statistical Association, 96 (453) : 20-31.

Woolf, B. P. (1996) *Customer Specific Marketing*, Teal Books.

第3章

データ空間の構成法

何らかの分析を行う際，データウェアハウスに蓄積されているデータを，そのまま分析すると思われるかもしれませんが，実際のデータ分析の現場では，加工したデータを用いた分析のほうがよい場面が少なくないでしょう。分析の目的に応じて，データを加工する際は，データの基本単位である列（＝ ベクトル）を意識する必要があります。本章では，データ分析の前段階としての分析用のデータの作成について，データの基本単位である，ベクトルから説明し，どのように分析用のデータを作成するのか例を示しながら説明します。

1 分析データの構造

●── スカラー，ベクトル，マトリクス

データでは 1 つの列（行）が 1 つの情報を表します。この数字や文字が列（もしくは行）として集まったものを「ベクトル（vector）」と呼びます[1]。ベクトルを構成する最小単位である，1 つの文字や数字を「スカラー（scalar）」と呼びます。ベクトルはスカラーが集合したものであり，ベクトルが集合したものを数学的には行列（マトリクス）と呼び（図 3.1 参照），時には，二次元配列とも呼ばれることがあります。よって，通常のデータの構造はマトリクスの形となります。マトリクスの形式のデータでは，1 つの列が 1 種類の情報を表し，データとはベクトルという列の情報が集合した形と考えられます。第 2 章で，データは表と考えることができ，行と列で構成されると指摘しましたが，見方を変えると列が集まってできたものともいえます。

---

[1] ベクトルには，数字や文字を縦に並べた列（縦）ベクトルと横に並べた行（横）ベクトルがあります。

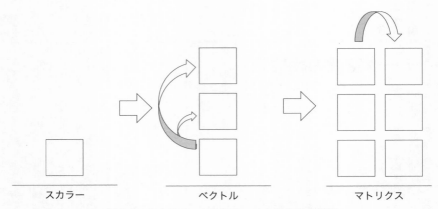

スカラー　　　　　　　　ベクトル　　　　　　　　マトリクス

図 3.1　スカラー，ベクトル，マトリクスの構造

　なお，統計学の教科書などでは，「ベクトル $\boldsymbol{x}$」のように表記することがありますが，これは以下のような構造になっています（この場合，x は長さ d のベクトルになります。データが 1 から d 個まであります）。

$$\boldsymbol{x} = \begin{pmatrix} x_1 \\ x_2 \\ \vdots \\ x_d \end{pmatrix}$$

　データをベクトルやマトリクスで理解することは，分析手法を理解するうえで，そして，実際の分析を行う（分析用のプログラムを書く）うえで重要です。例えば，$\boldsymbol{y}$, $\boldsymbol{x}$, $\boldsymbol{b}$, $\boldsymbol{\varepsilon}$, をそれぞれベクトルとすると，回帰分析[2]という手法の説明では，$\boldsymbol{y} = \boldsymbol{x}^T \boldsymbol{b} + \boldsymbol{\varepsilon}$ と式を表記し，実際のデータの y_i と回帰分析の式から予測される $\hat{y}$ の差分の 2 乗（これを残差平方和〔residual sum of squares：rss〕と呼びます）が最も小さくなるように，回帰係数のベクトル[3]である $\boldsymbol{b}$ を推定するという説明で，下のような式が使われることがあります。

$$rss = \sum_{i=1}^{n} (y_i - \hat{y}_i)^2$$

　その際，ベクトルやマトリクスという概念が理解できていないと，上の式の

---

[2]　回帰分析については，第 6 章でその位置づけを整理します。
[3]　定数項と説明変数の係数です。

意味を一瞥で理解することが難しく，また，分析用のコードを書くことはできないでしょう。データの分析手法について説明している書籍では，ここで述べた，データをベクトルやマトリクス形式で表記したものが多く，データをベクトル，マトリクスという構造で理解することは，手法の内容を理解するうえで欠かせません。

●── データと空間

　あるデータが数字で構成されている場合，横軸と縦軸で表現できる平面上にそのデータを布置するには，2つの数字があれば十分です。例えば，Aさんの期末テストの数学の点数を80点，英語の点数が70点であったとき，図3.2のように，Aさんの成績を2次元上に付置することができます。データを行ベクトル（横方向のベクトル）と考えると理解しやすいでしょう[4]。2次元上に付置することができれば，軸のどちらかに近いかで，Aさんの特徴が理解できます（この場合であれば，Aさんの点は数学の軸の方に近いので，数学の軸からの距離＜英語の軸からの距離となり，数学が得意であることが理解できるでしょう）。

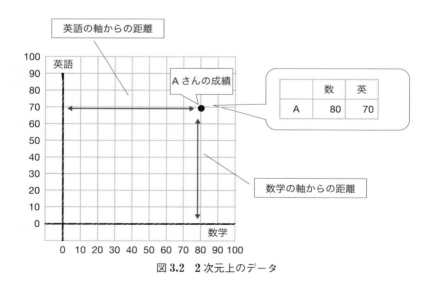

図 **3.2** 2 次元上のデータ

---

4 脚注1で説明したように，ベクトルはスカラーを並べたものなので，横方向に並べたものもベクトルになります。

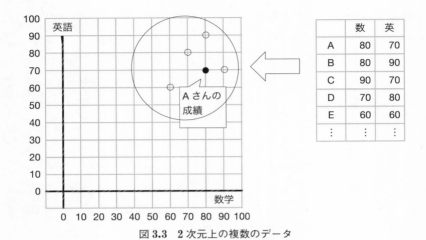

図 **3.3**　2 次元上の複数のデータ

　A さんのクラス全員の結果を表すため，B さん，C さん，D さん...と増や していくと，図 3.3 のように，データは 2 次元上の点で表現することができま す。図 3.3 のように複数の人を 2 次元上の点で表現することができれば，A さ んの成績と誰が近い（似ている）のか，A さんとそれぞれの人との距離を測定 することで理解することができます。

　図 3.2，図 3.3 では平面上にデータを付置しましたが，平面を空間と考え， 多数の軸で構成されていると考えると，5 科目に拡大したときでも，データを 付置することができます。この軸の数をベクトルの「次元」と呼び，データの 次元とはデータの列の数[5]を意味します。次元を増やすことで，観測（計測）す る対象を詳細に記録することはできますが，データ（ベクトル）の次元が増加 すると，その内容の直感的な理解は難しくなります（ベクトルの次元が増える ＝ データの列の数が増加する）。

　例えば，5 科目のデータでは，データの列は 5 つあるため，5 次元のデータ になりますが，それをベクトル空間で表現するには，5 つの軸が必要です。図 3.4 では便宜上 5 つの軸で表現していますが，実際にデータの位置関係を図で 記述できるのは，3 次元までです。位置関係が記述できないのであれば，この

---

[5]　1 次元のデータとは，観測値が 1 つのみのデータ（＝ 列の数は 1 つ）であり，多次元のデ ータとは，観測値が 2 つ以上のデータ（＝ 列の数は 2 つ以上）です。

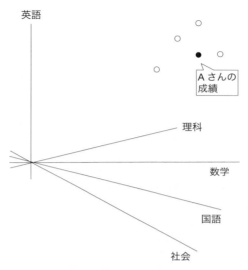

図 3.4　5 次元のデータのイメージ

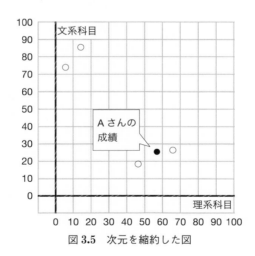

図 3.5　次元を縮約した図

図 3.4 から何らかの情報を得ることはできません。5 次元のベクトルを，国語，英語，社会から新しい変数を作成し，数学と理科からも新しい変数を作成し，図 3.5 のように，それぞれのデータを 2 次元の平面上に布置できると（結果的には，5 次元のデータを 2 次元に縮約していることになります），A さんは理系得点

が高いという具合に，その内容が一瞥して理解できます。

　多変量解析の手法では観測（計測）する対象をベクトル空間上に表現し，その手法について説明するときがあります。その際に，データがベクトルとして表現できることを理解していないと，円滑に理解することができないでしょう。同時に，データとベクトル空間の関係が理解できれば，手法の意味やメカニズムの理解が進むでしょう。あわせて，データ分析には線形代数の知識が必要な理由も理解できるでしょう。

●── 分析用データを作成する際の注意点

　分析用のデータを作成することは，分析するために必要な観測された値の列を集めることです。別の言い方をすると，分析に必要なベクトル（＝列）を集め，マトリクスの構造にすることです。その際，どのような分析手法を用いるのかを念頭に入れて観測された値の列を用意します。分析に用いる手法により，作成するデータの内容が決まります。図 3.6 は多変量解析でよく使用される手法とデータの列の関係を示したものです。矢印の向きは，「原因 → 結果」のように，原因と結果の関係を表しています。分析担当者は，分析する前にこのようなイメージを持ち，手許にあるデータを確認し，分析に必要な列を集めてデータを作成します。

　回帰分析を行うには，目的変数（従属変数）と説明変数[6]が必要であり，分析用のデータに想定している目的変数・説明変数（独立変数）となる変数があるかを確認します。図 3.6 では，一番左側の列の変数が従属変数になり，矢印のもとの変数が説明変数になります。因果関係でいうと，説明変数が原因であり，目的変数が結果となるので，矢印は説明変数から目的変数に引かれることになります。分散分析や決定木といった手法でも同じような関係になります。

　主成分分析は多数の変数から少数の合成変数を作成する手法であり，事前に分析の目的に合致した変数の列を用意しておく必要があります。また，その合成変数は，観測されてはいない変数ですので，図 3.6 では，楕円で表してい

6　目的変数とは，結果を表す変数であり，アウトカム，時には従属変数とも呼ばれます。説明変数とは原因となる変数で，独立変数とも呼ばれています（第 6 章で説明しますが特徴量と呼ばれることもあります）。

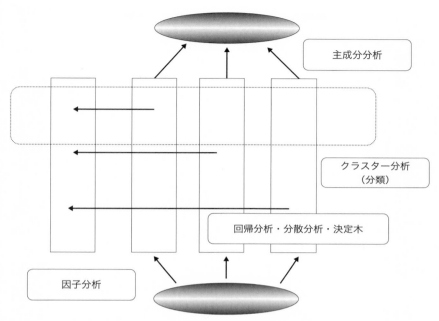

主成分分析

クラスター分析
（分類）

回帰分析・分散分析・決定木

因子分析

（注）　長方形の列は観測されるデータを表し，楕円は観測されない変数を表す。

図 3.6　分析手法とデータ

ます。因子分析は複数の列に影響を与えるような観測されてはいない変数（図
3.6 の下の楕円です）を想定し，その変数が実際のデータに与える影響度から，
潜在的な変数の内容を理解する分析手法です。主成分分析と同様に分析に必要
な列を用意する必要があります。ただし，主成分分析とは異なり，想定してい
る潜在的な変数が観測されている変数に影響を与えると考えます。そのため，
図 3.6 にあるように矢印は楕円から列の変数（長方形の変数)に引かれます。

　クラスター分析は，データ全体をある小グループ（これをクラスターと呼びま
す）に分ける手法であり，どのような内容で分類したいかを考え，その内容に
見合ったデータを用意します。例えば，商品間の競争関係を見たいのなら，後
述する遷移行列をデータとして用意します。ここでの注意点は，回帰分析のよ
うに，結果となる変数がなくてもよいということです。変数間の関係から，類
似しているデータの行を分ける手法になります。図 3.6 の点線の囲みで示した

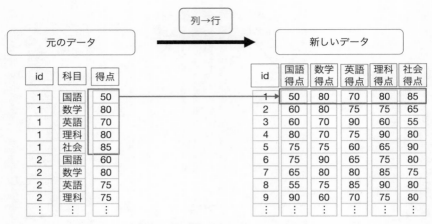

図 3.7　列 → 行の変換のイメージ

ように，同じような行をまとめて，データ全体をいくつかのクラスターに分けます。

　第 1 章で説明したようにデータウェアハウスに保存されているデータは，データを保存する際の容量をできるだけ抑制すること，ならびに，更新時のトラブルを避けることを目的として，データを正規化して保存します。そのため，常に分析に適した形で，データが保存されているわけではありません。データの分析担当者は，分析の目的に応じて円滑にデータを作成することが求められます。分析用のデータを作成するには，必要に応じてデータ同士を結合する「ファイルの結合」という操作だけではなく，「列 → 行の変換」「変数の作成」といった操作も必要になります。これら 3 種類の操作は，データを作成する際によく用いられます。

　「列 → 行の変換」[7]は，図 3.7 にあるように「得点」の列データを，得点の行のデータに変換する操作です。ある列の情報を用いて新しい変数を作成する手法といえます。例えば，図 3.7 にあるように 5 科目のテストの結果に関し，少ない変数でまとめるために主成分分析を行うには，図 3.7 の右にある 5 科目の変数（列のデータ）を作成する必要があります。なお，図 3.7 の左の形式のよう

7　時には，行のデータを列にする，「行 → 列の変換」を行うことがあります。

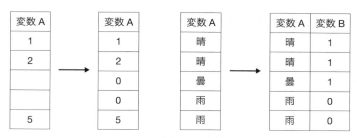

図 3.8　変数の作成の事例

なデータを「long 型」，右のようなデータを「wide 型」といいます。「列 →
行の変換」の変換は，long 型から wide 型にすることでもあります。

　変数の作成とは，現在の変数に何らかの処置を施し，新しい変数を作成する
ことですが，同じ列内の変数を変換する場合と，新しい列を作成し変数を変換
する場合の 2 つがあります。欠損値を 0 に置き換えるような変換は，前者にあ
たり（図 3.8 の左），文字で記録されているデータを，新しく数値で置き換えた
列に変換する操作は，後者にあたります（図 3.8 の右のように，天候のデータで，
雨を 0，雨以外の天候を 1 にした変数を作成すること）。また，分析するうえで必要
な変数を作成することはよくあります。例えば，購買状況からロイヤルティ
やランキングの指標（デシル[8]など）を作成することなどが，これにあたります。

　分析用のデータを作成するには，今，手許にあるデータを用いるだけではな
く，必要に応じて，他のデータテーブルから必要なデータを追加し，分析用の
データを作成します。その操作には，データの列（変数）を追加する操作と，
行を追加する操作の 2 種類があります。データの列の追加は，2 つの変数の共
通の変数をのりしろにし，2 つのファイルを張り合わせ，データに必要な列を
追加します。消費者の属性，商品名称などは，それぞれ，消費者マスターなら
びに商品マスターに保存されているため[9]，購買履歴データを分析する際は，

8　購買金額などを 10 分割し，上位から 1，2 と数字を割り当て，割り当てられた顧客がどの
　　ランクに位置づけられるかを確認するための指標。

9　通常，データは，保存時の容量を抑制する，データ更新時の更新範囲を狭くするといった
　　目的で，同じ項目の繰り返しを避ける正規化という形で保存されています。そのため，顧客
　　の情報は顧客マスターという別のデータで保存され，購買履歴データには，顧客を識別する
　　ID だけが記録されています。

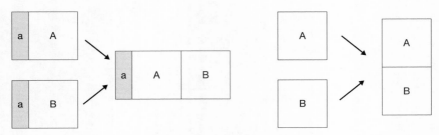

図 3.9　ファイルの結合のイメージ

購買履歴データに，それぞれのマスターを結合させる必要があります。例え
ば，生田目（2008）の例では，顧客クラスを説明する要因に関し，決定木で分
析を行っていますが，その説明変数には，購買のデータだけではなく，年齢，
性別，家族構成などのデモグラフィック属性を用いています。

　また，データの結合は，図 3.9 の右にあるようにデータの行を増加させる目
的で行われることもあります。例えば，2018 年のデータに 2019 年のデータを
追加するといった作業がこれにあたります。行を追加する操作では，追加する
データの変数が一致しているかを確認してから行います。

●── 理解しやすいデータと操作しやすいデータ

　データが表の形式をとるとすれば，図 3.10 のどちらの形式でもデータを表
現することは可能です。図 3.10 の左のデータは，右のデータと比較すると，

店舗＼月	1	2	3	4	5	6
A	30	45	35	40	45	55
B	60	65	55	50	45	40

月	店舗	売上
1	A	30
2	A	45
3	A	35
4	A	40
5	A	45
6	A	55
1	B	60
⋮	⋮	⋮

図 3.10　2 種類のデータの形式

店舗 A と B における売上の推移が一瞥で理解できますが，右のデータでは，店舗 A と B を比較することは難しいでしょう[10]。

　一方，図 3.10 の右の形式のデータは，1 つの列に 1 つの情報が蓄積されており，データを加工する操作が行いやすいという特徴があります。このような形式のデータは tidy data とも呼ばれています（Wickham 2014）。この形式のデータは，データを操作しやすいという特徴だけではなく，表頭で変数名として当該の列にどのようなデータがあるか示していますので，データがどのような変数で構成されているか理解しやすいでしょう。

　データをどのような形で保存するかは，その目的に依存しますが，現在は蓄積されたデータを用いて，さまざまな部署で分析が行われています。また，デジタル生まれのデータ，集まるデータは，データを分析するために収集したデータではありません。分析の目的に沿って，データを加工する必要があります。分析の目的・手法は多岐にわたるため，その目的・手法に合わせて柔軟にデータを加工できることが望ましく，操作しやすい（加工しやすい）形式で保存されているほうが，効率よく分析できるという点で好ましいでしょう。

2　特定の目的のデータ

　第 2 章および本章で述べているようにデータは表であり，また，ベクトル（列）の集合です。それらのデータを分析するにあたり，「変数を置換する」「別のデータを結合する」などにより分析用のデータを作成します。しかしながら，分析の目的によっては，前節で述べたような操作だけでは，必要とするデータが得られないことがあります。例えば，ショッピング・バスケット分析を行うには，購買履歴から「人 × カテゴリー」の購買有無を表したデータを作成します。購買履歴はアイテム別の購買実績が記録されているデータのため，人とカテゴリーで集計した後に，「行 → 列」の変換を行い，さらに，表のセルを「0，1」に置換します（表 3.1 参照）。

　原データから加工に多大な労力を必要とするデータは他にもあります。上で

---

[10]　先に述べた「long 型/wide 型」で図 3.10 のデータを分類すると，左のデータが wide 型，右のデータが long 型になります。

表 **3.1**　変換されたショッピング・バスケット分析用のデータ

id	食パン	菓子パン	調理パン	シリアル類	ヨーグルト	チーズ	牛乳
1001	1	0	0	0	0	1	0
1002	0	0	0	1	0	0	1
1003	1	1	0	0	0	0	0
1004	0	0	0	1	1	0	1
1005	0	1	1	0	0	0	0

説明したショッピング・バスケット分析用のデータの他には，遷移行列，ネットワーク型データ，テキストのベクトル表現のデータなどが挙げられます。

●── 遷移行列

　マーケティングにおいて商品間やブランド間の競争構造を理解することは，マーケティング戦略を立案するうえで欠かせません。それらの競争構造は，消費者の商品・ブランド間の購買のスイッチ（遷移）から明らかにすることができます。例えば，あるカテゴリー内で，A，B，C の 3 種類の商品がある場合，商品 A や B を購買する人は，A から B へと遷移（スイッチ）し，次の購買で，また，A に戻り（最初に商品 B を購買する人はその逆），商品 C を購買する人は C のみ購買するのであれば，A と B は競争関係にあり，A と C，B と C は競争関係にはありません。

　このような関係を表すのに，表側の商品（もしくはブランド）から表頭の商品（ブランド）にスイッチ（遷移）した回数を記録したデータを用います（このようなデータを遷移行列，スイッチング行列と呼びます）。表 3.2 では，B から C にスイッチした回数は 5 回であり，C から B にスイッチした数は 4 回なので，B と C は競争関係にあると考えられます。実際の遷移行列は，表 3.2 よりも多数の商品・ブランドなどを対象とするため，遷移行列を作成した後，何らかの分析を行うことが多いでしょう。例えば，遷移行列を階層クラスター分析し，競争関係の強弱を樹形図で視覚的に表現するといった方法があります（小川 1989）[11]。

---

[11]　遷移行列を分析するにあたり，引力構造のモデルを仮定する方法（中西，1997）や実際のスイッチングの状況と強制的にスイッチさせたデータを用いて，4 象限にまとめる方法（小川 1989）などさまざまな手法が提案されています。

表3.2 4商品の遷移行列

	A	**B**	**C**	**D**
A	5	4	0	1
B	3	5	5	1
C	1	4	5	2
D	0	0	1	5

購買履歴を保存したデータは、通常、1列に1つの情報を保存しているため、競争関係を遷移行列から確認するには、購買履歴データから遷移行列を作成する必要があります。列ベクトルの集合である購買履歴データから、個人別にどの商品からどの商品へ購買が遷移したかについて計測して作成するため、遷移行列を作成するには、ある程度のプログラミングに関する知識とスキルが必要でしょう。

● ── ネットワーク型のデータ

物事の関係性を表すときにグラフ構造を用いて表現することがあります。グラフ構造とは、点（ノード）と線（エッジ／リンク）で関係性を表している構造です。図3.11 の左の図は、5つの項目（A, B, C, D, E）の関係を表しています。この図から、A と E は直接関係しておらず、D を介してつながっており、A, B, C は相互に関係していることが理解できます。このような項目とその項目をつなぐ線で表現できるデータをネットワーク型データと呼びます。

ただし、実際のネットワーク型データでは、点と線の構造ではなく[12]、図3.11 の右側にあるように、形式①もしくは形式②のように、線で結ばれている点のみをデータとして保存されることが多いでしょう。もし、ネットワーク内の点と点の関係に強弱がある（重みがある）ときは、その強弱が実数として保存されます。また、行列形式で保存されたデータを分析できるソフトウェアもありますが、Web 上のサイトの関係のように、規模の大きいデータの場合は、図3.11 のような形式でデータを保存したほうが、容量の節約になり、効

---

[12] このような構造をグラフ構造と呼びます。

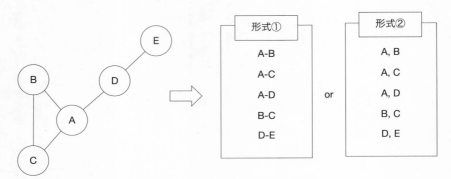

図 3.11　ネットワーク型データの構造

率的にデータを扱うことができるでしょう。

　ネットワーク型のデータは，要素間の関係を表現するのに適しており，何ら
かの関係性を分析するうえで，よく用いられるデータです。具体的には，職場
の人間関係や，ソーシャル・ネットワーキング・サービス（SNS）におけるつ
ながりの関係から毎日の買い物から得られる食材同士の買われやすさの関係な
ど，さまざまな事例が紹介されています。ただし，SNS 上のつながりは，フ
ォローの有無という明確なデータがありますが，データによっては明確な定義
がないものもあります。その際は，分析者自らが，つながりの定義ならびに数
値化を図る必要があります。例えば，つながりについて，最も簡単な定義は，
A と B が一緒に生じる回数，集合でいう A かつ B を扱う共起度ですが，それ
以外にも，Jaccard 係数，overlap 係数などがあり，分析者は適宜，目的に応
じて決定する必要があります。

●── 文書（テキスト）データのベクトル表現

　インターネットが普及し，ネット上で流通する文書（テキスト）データの量
が飛躍的に増加しました。この増加したデータから，何らかの情報を得るとい
う目的で，テキストの解析が進められてきました。その際，テキストから効率
的に，情報を収集するという目的で，テキストをデータとして保存するニーズ
が生じました。現在は，テキストに含まれる単語をベクトルに置き換え，その
ベクトルとテキストの関係を量的に表現し（図 3.12 中の d_{nt}），テキストの意味

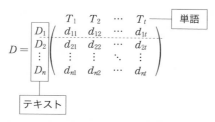

図 3.12 テキストのベクトル表現のイメージ

を理解しようとしています（Salton and McGill 1983）。もし，D_1 と D_2 のテキストの類似度を確認したければ，cos（コサイン）類似度[13]を求めればよいでしょう。テキストと単語の関係が数値で表現できていれば，例えば，重要語抽出や文書の類似文書検索に用いられます。さらに，単語間の意味の近さを計算することもできます。

　日本語のテキストを図 3.12 のようにベクトルで表現する際，テキストから直接作成することはできません。日本語は英語のように，単語間がスペースで区切られてはいないので，テキストから単語を切り出し，単語であることを認識できるようにします。第 2 章でも触れましたが，これを形態素解析といいます。形態素とはテキストを構成する最小単位のことであり，例えば，「これはりんごです」という文書に対して，形態素解析を行うと，「これ/は/りんご/です」となります。「/」で区切られた部分が単語（形態素）です。これらの切り出された単語を用いて，図 3.12 のようにまとめたものを "Bag of Words" と呼びます。

　この Bag of Words でも単語の数が多く，テキストの理解が難しいため，テキストの理解を促すような工夫が提案されています。例えば，テキスト × 単語の行列を特異値分解[14]し，表頭の単語を少ないトピックで置き換える方法があります（これは Latent Semantic Indexing〔LSI〕と呼ばれる手法です。また

---

[13] 2つのベクトルのなす角 θ から計算されるコサインのことで，2つのベクトル間の関連度を表します。$\cos\theta$ は -1〜1 の値をとり，$\cos\theta = 0$ のとき，$\theta = 90$ 度であり，2つのベクトルは直角に交わり，関連がないことを表します。

[14] $n \times m$ の行列 A に関し，$U^T U$（U^T は U の転置行列）$= I_r$ が成り立つ $n \times r$ の行列 U と $V^T V = I_r$ が成り立つ $m \times r$ 行列 V，r 次の対角行列 D（対角成分が特異値）によって，行列 A を $A = UDV^T$ とすることです。

この手法を発展させたものに，Probabilistic Latent Semantic Indexing〔PLSI〕があります）。また，各単語を多次元の空間に布置し，その布置した座標より単語間の類似度を求める手法などが提案されています（代表的なアルゴリズムに，Word2vec があります〔Mikolov et al. 2013〕）。通常，ニューラル・ネットワークなどのモデルでは，単語はその単語を意味する要素を 1，他ではすべて 0 となる超高次元のベクトル（これを「One-hot ベクトル」と呼びます）で表現することが多いことに対して，この単語を高次元空間に埋め込むと，すべてが 0 ではない値を持つベクトルにあることから，このような単語の表現を「分散表現」とも呼びます。

3　データのクリーニング

　データを分析する際，データの種類，尺度を確認し，目的に見合った分析手法を用いて分析しますが，通常，分析する前に基礎統計量などを求め（名義尺度の場合は，頻度などでランキングを作成します），異常なデータがないか確認します。データの状況を調べ，そのデータが，分析に支障をきたすと考えられる場合は，そのデータの削除，置換などの処理を行い分析用のデータを作成します。この処理を「データのクリーニング」といいます。

●── クリーニング対象となるデータ
　量的なデータは式（1）にあるように，平均値と誤差で構成されていると考えることができます。

$$\text{データ} = \text{平均値} + \text{誤差} \tag{1}$$

　データが上記の式で与えられることは，データには常に誤差が含まれることを意味し，データを収集するうえで，データに含まれる誤差を小さくするような工夫が必要です。しかし，誤差を小さくする工夫を施したとしても，非常に大きな誤差を含むデータ，つまり，極めて大きいもしくは小さい値のデータが，含まれることを完全に排除することは不可能です。このような異常な値をとるデータが含まれたデータについて，何も処置をせずに分析すると，分析結果に影響を及ぼすため，何らかの対応をとる必要があります。

　極端に大きな（もしくは小さな）値以外にも，クリーニング対象となるデータはあります。データをクリーニングする際は，Müller and Freytag（2003）の分類を踏まえ，以下の4項目について確認するとよいでしょう。

- 記入上の課題：データの記録ルールからの逸脱
- 論理性：回答に論理的な矛盾がある
- 欠損値
- 異常な値

　記入上の課題とは，住所を市と区で分けて書くところを，「横浜市金沢区」のように1つのセルにまとめて記録してあるものや，男性をMと省略して記録するところをMaleのように省略せずに記録するなどがあります。また，「100」（半角表記）と「１００」（全角表記）のような表記の揺れも含まれます。

　論理性とは，負の年齢などの一般常識に照らし合わせて矛盾があるデータのことです。2020年に行った調査で，生年月日で2001年生まれと回答したのに，年齢に対する項目において，17歳と回答しているといったのような，項目間に矛盾のある，論理性に問題があるデータです。データの重複も，ある時点，ある場所で，特定のIDのデータは1つという前提に対する矛盾であり，論理性に問題があるデータに含まれます。

　欠損値は，セルの中に何も記録されていないデータであり，「.」で表現されることもあります。欠損値があると，その列のデータでは平均値や分散などの基本統計量を求めることができないため（欠損値自体は計算できません），事前に確認する必要があります。時には，もとのデータから分析用のデータを作成する際に，欠損値が生じることもあります。POSデータでは，ある商品の売上がない日は，その日の当該商品の価格などは記録されていません。この商品のPOSデータを用いて，日別の売上金額と価格の関係を分析する際は，売上がない日の価格はデータに保存されていないため，欠損値になります（売上のデータは0として利用できます）。ただし，売上がない日でも，商品は店頭にあったと考えられますので（特にその前後の日で売上が確認できた場合），価格を何らかの方法を用いて決めれば，分析することはできます。例えば，前の日の価格の

データを用いることも考えられます。

　異常な値とは，データに含まれる極端な値のことであり，間隔尺度ならびに比率尺度では極端に大きな（もしくは小さな）値，名義尺度では出現がほとんど見られないデータのことです。例えば，EC サイトでは，通常の消費者の他に，そのサイトで商品の仕入れをする人も購買することができます。そのため，通常の消費者の購買履歴に，プロの購買履歴が混在し，それが異常値となって現れる可能性があります。間隔尺度や比率尺度のように，計算できるデータでは，平均値 ±3× 標準偏差の範囲より外にあるデータを異常値とみなすことがあります[15]。異常値をそのままにして分析すると，平均値や分散といった基礎統計量だけではなく，回帰分析などの結果にも影響を与えます。また，名義尺度のデータで，問題となるのは，頻度が小さい単語の取り扱いです。頻度が極端に小さい単語を分析に含めると，データ全体のばらつき（多様性）が大きくなり，分析した結果を取りまとめる際に苦労することがあります。

　さらに，記入上の課題はもとのデータでは生じていなくても，データを分析用のソフトウェアで読み込むときに生じる場合があります。例えば，氏名のデータを読み込む際に，スペースを区切り文字に指定している場合，姓と名の間にスペースを入れて回答している人のデータは，氏名のセルに姓のみが表示されます。このとき，名前は新しいセルにあり，その分だけ列がずれます。そのため，データを読み込んだ際，データのズレがないか確認することで，正しくデータが読み込まれているかを確認することができます。

●── クリーニングの進め方

　データには，先に述べたように異常な値や，ルールから逸脱して記録されたデータが記録されていることがあるため，分析前にデータを確認し，修正していく必要があります。この修正作業（データのクリーニング作業）を進めるにあたり，先に挙げた 4 つの分類において，「記入上の課題」および「論理性」はルールに沿って確認し修正するだけで十分ですが，異常値と欠損値の扱いは，個々のケースで判断することが求められます。

---

[15]　データが正規分布に従うと考えられるとき，この範囲内のデータは全体の約 99.7％ になります。

　コンビニエンス・ストアでは Amazon のギフトカードや GooglePlay のギフトカードなどを除き，食品や日用雑貨の買い物に関して，3 万円という購買金額は異常な値と考えられますが，スーパーの買い物では，時期や家族人数によっては異常な値とは考えにくい場合があります。このような場合は，データの分布とデータが取得された背景を考慮し，分析から除外するか否かを決める必要があるでしょう。欠損値についても個々に対応する必要があります。欠損値のデータがデータ上で「.」などの記号で記録されている場合は，「.」の代わりに，妥当な数値に置き換えるのか，分析から除外するのかを決める必要があります。星野・上田（2018）にあるように，欠損値に 0 を代入すると 0 が過剰な分布になり，平均値を代入すると，データのばらつきが小さくなる可能性があるため，欠損値に十分な検討をせずに値を代入すると，真のデータの分布と乖離することがあり，慎重に作業を進める必要があります。

　なお，データをクリーニングする際は，データ分析の再現性の点から，どのような方法でデータをクリーニングしたのか，その方法および条件についても記録しておく必要があります。また，欠損値のあるデータのように不完全なデータを分析する際，欠損値を含むデータを行ごとにすべて削除することは，データ全体の情報量を少なくすることです。不完全なデータも含めて，手許にあるデータをすべて用い，情報を失うことなく分析するという方法もありますので，削除する前に十分に考えてから作業を行うべきでしょう（星野〔2009〕の例では，入試得点と入学後の成績の相関を見る際に，合格者のみのデータを用いて相関係数を求めた場合と，不合格者の入試得点も用いて〔不合格者の入学後の成績は欠損値である〕求めた場合では，後者のほうが真値に近いことを示していました）。

コラム③　ロバストな分析

　この章では，データをクリーニングするうえで，異常値の対応が必要であると指摘しましたが，時にはその値を異常値であると判断することが難しい場合があります。例えば，クレジットカードのように個人によって使い方が大きく異なるデータでは，平均値から大きくずれた値を，異常値として判断して除くことは困難でしょう。このようなときには，異常値を含めて分析する方法があります。

　通常の回帰分析では，従属変数に正規分布を仮定しますが，正規分布は分布の裾

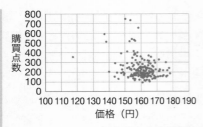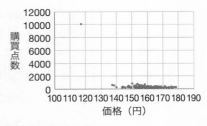

図 3.13　ある商品の価格と販売数量のグラフ

表 3.3　推定結果

分布	外れ値 の有無	切片	傾き
正規分布	×	869.213	−3.979
	○	6555.286	−39.022
コーシー分布	×	366.676	−1.068
	○	287.666	−0.587

が薄いため，外れ値の影響を受けやすいという特徴があります。そのため，正規分布よりも裾が厚い t 分布やコーシー分布（コーシー分布は自由度 $=1$ の t 分布）を用いて分析する方法が提案されています（Lange, Little, and Taylor 1989）。例えば，図 3.13 の左右のグラフの差異は，右のグラフの左上位にある外れ値の有無だけです。このデータに対して，購買点数を従属変数にし，価格を説明変数にした線形モデルを仮定し，1 つは従属変数を正規分布，もう 1 つはコーシー分布を仮定し，分析した結果が表 3.3 です。この表を見ると，正規分布は外れ値の有無に対し，推定結果が大きく異なるのに対し，コーシー分布は外れ値がある場合とない場合では，推定結果がそれほど変化しないことが理解できるでしょう。

✎　課　題

① 本章でも言及しましたが，0 のデータを分析する際，「0.001」のような小さな値を入れて分析する方法がありますが，この方法の長所と短所について議論しましょう。

② データをクリーニングしないで分析するとどのような問題が生じるでしょうか。

③ 現実の問題において，異常値が混入してしまう原因について，どのようなことが考えられるかについて，具体例をできる限り挙げてみましょう。

📚 参考文献

小川孔輔（1989）「消費者行動モデルとブランド戦略」『オペレーションズ・リサーチ』
34（9）：489-498。

中西正雄（1997）「GRAVIMAP——ブランド・スウィッチング行列にもとづく簡単な
競争マップ技法」『マーケティング・サイエンス』6（2）。

生田目崇（2008）「決定木分析によるマーケット・セグメンテーション」中村博編著
『マーケット・セグメンテーション——購買履歴データを用いた販売機会の発見』白
桃書房：157-184。

星野崇宏（2009）『調査観察データの統計科学——因果推論・選択バイアス・データ融
合』岩波書店。

星野崇宏・上田雅夫（2018）『マーケティング・リサーチ入門』有斐閣

Cooper, L. G. and M. Nakanishi（1988）*Market-Share Analysis*, KAP.

Lange, K. L., R. J. A. Little, and J. M. G. Taylor（1989）"Robust Statistical
Modeling Using the *t* Distribution," *Journal of the American Statistical
Association*, 84（408）：881-896.

Mikolov, T., K. Chen, G. Corrado, and J. Dean（2013）"Efficient Estimation of
Word Representations in Vector Space," *Proceedings of the International
Conference on Learning Representations*（*ICLR* 2013）.

Müller, H. and J-C. Freytag（2003）"Problems, Methods, and Challenges
in Comprehensive Data Cleansing." https://tarjomefa.com/wp-content/
uploads/2015/06/3229-English.pdf

Salton, G. and M. J. McGill（1983）*Introduction to Modern Information
Retrieval*, McGraw-Hill.

Wickham, H.（2014）"Tidy Data," *Journal of Statistical Software*, 59（10）：
1-23.

第4章

データ生成のメカニズム

これまでの章では，データサイエンスの実務的な話題や全体的なフレームワークの話をしてきました。ここからは，科学的なアプローチの準備として，データを分析するために必要となる道具について解説します。一般に観測されるデータの背後に何らかの仮定を置くことで，さまざまな推論が可能になります。本章では，現実社会で私たちが観測するようなデータは，どのようなデータ生成メカニズムから生み出されていると考えるのが妥当であるのかについて取り扱います。そのうえで，データを生成する母集団のモデルについて述べ，さまざまな母集団モデルについて紹介します。

1 データ生成のモデル

●── データ生成モデルの必要性

データサイエンスでは，何らかの目的のために集められたデータを出発点としてさまざまな分析が展開されます。そのデータ分析のプロセスにおいては，実は多くの仮定や前提に基づいていることがほとんどです。それは，データの背後には何らかの構造やデータを生成するメカニズムがきちんとあって，データを分析することで，それらの構造やデータ生成メカニズムがどんなものであるのかを明らかにしようとするスタンスです。すなわち，何の構造や生成メカニズムも持たない「ただのランダムに生成されたデータ」からは何も生まれないのです。逆に，分析者の観点からすると，目の前のデータに対して生成メカニズムの存在も仮定することができない場合，データをグラフにして可視化し，傾向を眺めることくらいしかできません。データから（算術）平均値を求めることでデータの中心的な位置を推測するような基本的な行為ですら「デー

タは何らかの分布に支配されて生成されており，中心的な位置が存在する」という前提があるから，それを計算することに意味があるのです。

　データ分析で多用されるさまざまな多変量解析手法や機械学習モデルでさえ，分析対象のデータの背後には何らかのデータ生成のメカニズムを想定しているのです。また，そのデータ生成のメカニズムは，対象とする問題によって異なることもしばしばです。対象とするデータの生成メカニズムが変われば，分析者はその生成メカニズムに整合した形に分析手法を切り替えなければなりません。このようにして，対象問題に合わせて，状況に適した分析ツールが存在することが理解できるようになります。実際のデータ分析場面において，適した分析プロセスを設計する際には，分析目的に加え，対象とするデータがどのような生成メカニズムに従っていると想定できるかを十分検討することで，適切な分析ツールを選択できるようになります。

●── データ生成モデルとしての確率分布

　私たちが生きている世界は，さまざまな不確実な事象であふれています。例えば，「サイコロを振ったときに出る目」という事象は，サイコロを振り直すと「出る目」の数は変わりますから，振ってみなければ結果がわからない不確実な事象です。このような不確実な事象を表現するための最も優れた数学理論が確率です。本当に現実事象が確率的な法則に従って生起していることを証明する手段はないのですが，これまでの人類の膨大な経験から，確率モデルに基づいて推論した結果は実際に起こる状況を非常によく再現できることがわかっています。確率という概念を用いて，物事の起こりやすさや起こりにくさを定量的に評価し，意思決定に用いるというアプローチは，現実社会でも非常に有用な方法となっているのです。

　また，私たちが活用するデータ分析の手法の多くは，データが何らかの確率的法則に従っていることを仮定して構築されています。最近の先進的な人工知能や機械学習では，対象とする事象自体に何らかの明示的な確率分布を仮定していないように見えますが，確率的な不確実性を暗に想定していたり，ある確率分布に従った乱数を学習や予測に用いている場合が多々あります。学習データは，分析対象である母集団のごく一部の情報であり，この一部の情報からそ

表 4.1　サイコロを振って出る目の確率分布

x	1	2	3	4	5	6
$P(x)$	1/6	1/6	1/6	1/6	1/6	1/6

の背後に潜む知識を抽出しようとしているので，必然的に不確実性に対する何らかの対応が必要であり，そのための技術として最も基本的な数学モデルが確率といえます。そのため，データサイエンスや統計学と確率は切り離して議論することができません。

　さて，対象とする事象が，ある定義された範囲の値（連続値だけでなく，離散値の場合もあります）を確率的な法則に従ってとるとき，このようにして与えられる変数を確率変数といいます。また，確率的な法則に従って生起する不確実な事象について，個々の値の起こりやすさを定量的に示したものを確率分布といいます。例えば，サイコロを振って出る目 x の確率分布は，表 4.1 のようになるでしょう。ここで，$P(x)$ は x が生起する確率です。

　このような確率分布が与えられると，これを生成モデルとして新しい x を疑似的に生成することができます。また，例えば「サイコロを振って，同じ目が k 回続いてでる確率」や「n 回サイコロを振って，ある x が k 回出る確率」など，さまざまな事象の確率を計算することもできるでしょう。このように，確率モデルはさまざまな推論を可能としてくれる優れたツールです。

●── データ生成モデルの例

　最も単純なデータ生成モデルは 1 つの確率分布です。ある確率変数 X がとる値 x の確率 $P(x)$ がきちんと定義されていれば，この確率分布に従って新たなデータを生成することができます。基本的な確率分布としては，離散値をとる確率変数（離散確率変数）の確率分布と連続値をとる確率変数（連続確率変数）の確率分布があります。基本的な 1 次元の確率分布としては次のようなものがあります。

① 主な離散確率変数の確率分布
- 二項分布，負の二項分布

- 多項分布
- ポアソン分布
- 幾何分布，超幾何分布

② 主な連続確率変数の確率分布

- 正規分布
- 正規分布から導かれるさまざまな統計量分布（χ^2〔カイ二乗〕分布，t 分布，F 分布）
- 指数分布，ガンマ分布，ワイブル分布
- 対数正規分布
- ベータ分布，ディリクレ分布

　これらの確率分布については，それぞれ確率や確率密度の式が定義されていますが，難しい式を覚える必要はありません。それよりも，それぞれの確率分布が「どのような問題に利用されるのか」，そして「それぞれの確率分布の関係」について理解をしておくことが肝要です。また，各確率分布の形を決める媒介変数をパラメータと呼びますが，各分布のパラメータを知っておくことも役立つでしょう。

　次に，これから以下の節で説明する主な確率分布の関係を図示しました（図4.1）。離散的な確率分布で最も基本となる分布は二項分布です。これに対し，連続値をとる量的変数の確率分布として最も重要な分布は正規分布でしょう。図 4.1 では，これらの確率分布とそれから派生するさまざまな確率分布との関係を示していますが，個々の分布の詳細は以下の節で説明します。ただし，確率分布は，個々の確率分布について「どのような現実事象を表現するために導かれたものであるのか」を理解するとともに，個々を独立に覚えるのではなく，確率分布間の関係性について全体像をつかむことが肝要です。このように全体像のイメージをつかんでおくことで，どのような場合にどの確率分布が使われるのかといった判断が容易になるのです。

　また，最近の人工知能分野では，より複雑なデータを生成することができるようなデータ生成器という意味合いで生成モデルという言葉が使われるようになりました。最も成功した生成モデルは，新たな画像や動画を生成する深層学

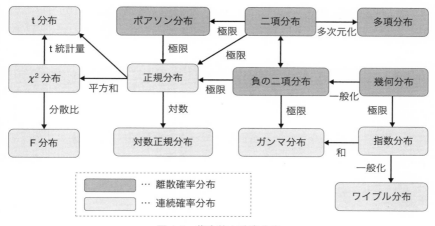

図 4.1 代表的な確率分布

習モデルです。これまでのパターン認識や機械学習の分野では、例えば「人の顔画像データから、それが特定の人物であるか否かを自動識別する」「映像に映った物体の中から人の顔を検出する」といった自動識別（自動分類）を行う人工知能が高度に発展し、さまざまな応用例が広がりました。このような自動識別で主に活用されているモデルが、さまざまな機械学習を分類器として駆使した識別モデルです。

　近年では、これに加えて「新たな動画や画像を自動生成する」「新たな音楽を自動作曲する」といった創作活動への人工知能活用が盛んに行われるようになりました。このように新たなデータを創り出すモデルは、生成モデルと呼ばれ、深層学習モデルなどの分野で盛んに研究されています。特に、2014年に提案された敵対的生成ネットワーク（Generative Adversarial Networks: GANs）と呼ばれる方法は、新たな画像を生成したり、画風や特徴の変換を行うような処理が可能な生成モデルの構築手法として注目されています。

2 離散変数の確率分布モデル

●── 離散事象と離散変数

　離散事象とは「コインを投げて表が出た回数」や「1分間にある交差点を通

る車の台数」「ランダムに抽出した 100 人の消費者のうち，商品 A を知っている人数」などのように，連続値をとらない事象のことです。人数や回数のように数をカウントして得られるデータは計数データと呼ばれますが，このような計数データは離散事象の具体例といえるでしょう。このような離散事象の結果として与えられる値をとる変数を離散変数と呼びます。離散変数には，回数や人数などの計数値のように大小関係が定義できるもののほかに，職業や所在地，出身校，国籍など，とる値が数字では表せない名義尺度の変数もあります。このような数値では表せない離散ラベルをとるような変数は質的変数と呼ばれます。質的変数の具体例である「職業」の場合，例えば，「会社員」「自営業」「学生」といったラベルが考えられます。実際に，統計モデルによって分析にかける際には，何らかの方法で数量化する必要がありますが，多変量解析で行われる標準的な方法はダミー変数になります。「職業」の例の場合，「会社員であれば 1，それ以外は 0 をとる変数 X_1」と「自営業であれば 1，それ以外は 0 をとる変数 X_2」という 2 つの二値変数を定義し，(X_1, X_2) というベクトルで表現してみることにすると，

会社員　→　$(1, 0)$

自営業　→　$(0, 1)$

学生　　→　$(0, 0)$

となって，「職業」がとる 3 つの値を区別することができます。このようなベクトルで表現することで，統計モデルでの処理をしやすくするような操作が行われます。上のようなベクトル化をすることで，多変量解析の分析手法をそのまま適用することができ，このような方法を数量化，作られた 0–1 変数をダミー変数と呼びます。

　また，昨今の人工知能や機械学習のモデルの多くでは，質的変数がとる値と同じだけの 0–1 変数を用意して，ベクトル化することが多くなっています。例えば，先の「職業」の例では

会社員　→　$(1, 0, 0)$

自営業　→　$(0, 1, 0)$

学生　　→　$(0, 0, 1)$

のように長さ 3 の 0–1 ベクトルに変換して，機械学習の入力や出力の教師デー

タに用いたりします。このようなベクトルは One-hot ベクトルと呼ばれます。この One-hot ベクトルは，多値分類を行うニューラルネットワークの出力を学習するための教師データとして広く使われています。

さて，離散確率変数の確率分布は，離散確率変数がとる値に確率を対応させた関数によって表すことができます。このように，離散確率変数の値とその確率を対応させた関数を，確率質量関数（Probability mass function）と呼びます。確率質量関数は，横軸に離散確率変数がとる値，縦軸にその値をとる確率とした座標系に概形を描くことができます。このとき，確率質量関数がとる値は確率ですので，その最大値は 1 より大きくなることはありません。

●── ベルヌーイ試行に関連する確率分布

確率論や統計学において，ベルヌーイ試行によって得られる結果は，最も基本的な不確実な事象です。ベルヌーイ試行とは，得られる結果が「成功と失敗」や「表と裏」，「勝ちと負け」などの2種類であり，かつ繰り返される各試行においてそれらの生起確率が同じであるような試行のことをいいます。例えば，表の出る確率が p のコインを何回も投げて出る表と裏の系列は，ベルヌーイ試行の結果の典型例です。いま，表を 1，裏を 0 で表すことにすると，1 回の試行で x という結果（x は 0 もしくは 1）が得られる確率は，

$$P(x) = p^x(1-p)^{1-x} \qquad (x = 0, 1)$$

という式で表されます。この式は，$x = 1$ と $x = 0$ を代入してみれば，$P(x=1) = p, P(x=0) = 1-p$ となることが確かめられるでしょう。このように確率 p で 1 が，確率 $1-p$ で 0 が生起するとき，この試行を n 回繰り返したときに 1 が x 回起こっている確率（$x = 0, 1, \cdots, n$）は

$$P(x) = \frac{n!}{(n-x)!\,x!}\,p^x(1-p)^{n-x} \qquad (x = 0, 1, \cdots, n)$$

という式で与えられます。このように，確率 p で起こる事象が n 回の試行中に発生する回数 x の確率分布は，二項分布と呼ばれます。

このようにベルヌーイ試行によって得られる系列から計算されるさまざまな統計量は確率変数であり，確率分布を持ちます。最も重要な分布は二項分布で

すが，他にも重要なものについては確率分布に固有の名前が付けられています。

- 二項分布：確率 p で表が出るコインを n 回投げるとき，表が出る回数 x が従う確率分布
- 幾何分布：確率 p で表が出るコインを投げるとき，初めて表が出るまでの試行数 x が従う確率分布
- 負の二項分布：確率 p で表が出るコインを投げるとき，表が k 回出るまでの試行数 x が従う確率分布

これらの確率分布は，表の出る確率 p が不変なコインを何度も繰り返し投げるというベルヌーイ試行から得られる統計量の分布です。これに対し，少し紛らわしいのですが超幾何分布という離散分布もあります。

- 超幾何分布：袋の中に k 個の赤玉と $n-k$ 個の白玉が入っているとき，この袋から m 個の玉を一度に取り出したときの赤玉の個数 x が従う確率分布

超幾何分布では，袋から m 個の玉を一度に取り出している点がポイントです。このような抽出を非復元抽出といいます。「玉を1つずつ取り出して色を観測して袋に戻す」という操作を m 回繰り返すような試行とは異なります。このように，玉の色を観測したらその玉を袋に戻す場合は復元抽出といいます。この場合は，玉の色を観測した後にその玉を袋に戻すので，赤玉である確率は不変です。これに対し，非復元抽出では，袋の中には n 個の玉が入っている有限母集団ですので，取り出した玉を袋に戻さない場合，次に取り出す試行で赤玉が出る確率は変化してしまう点が異なります。

●―― 多項分布モデル

ベルヌーイ試行では，成功と失敗などの2種類の結果のみが仮定されていました。これを，より多くの種類の結果に拡張した分布が多項分布です。例え

ば，サイコロを振って出る目の確率分布は，多項分布に従う事象の典型例です。サイコロの場合は出る目は 1 から 6 までの 6 種類であるため，六項分布と呼ばれることもあります。

いま，一般に K 種類の基本事象 $a_1, a_2, \cdots, a_K$ が定義されており，それぞれの生起確率を $p_1, p_2, \cdots, p_K$ と記述するとき，

$$\sum_{i=1}^{K} p_i = 1$$

という制約があります。したがって，この K 項分布は $p_1, p_2, \cdots, p_{K-1}$ が決まると p_K は自動的に与えられ，確率分布が一意に決定されます。いま，a_1 が x_1 回，a_2 が x_2 回，...，a_K が x_K 回生起する確率を考えると，

$$P(x_1, x_2, \cdots, x_K) = \frac{(x_1 + x_2 + \cdots + x_K)!}{x_1! x_2! \cdots x_K!} p_1^{x_1} p_2^{x_2} \cdots p_K^{x_K}$$

のように与えられます。

●── ポアソン分布モデル

二項分布や多項分布では，試行回数が決まっていました。そのため，出てくる結果の最大値は試行回数で与えられました。例えば，10 回サイコロを振ったときの 1 が出る回数は 10 を超えることができませんので，11 回以上の値をとる確率は 0 になります。これに対し，とりうる値は個数や回数などの自然数であるものの，最大値が定義できないような確率的事象もたくさん存在します。例えば「1 分間にある交差点を通る車の台数」や「ラーメンの表面に浮いている油の玉の個数」などは，観測する度に数が変化する離散的な確率変数であると仮定できますが，その個数の上限を明確に与えることができません。このような事象に対しては，0 以上のすべての自然数に対して確率を定義した確率分布が必要となります。このような確率分布の代表例がポアソン分布です。ポアソン分布は，二項分布において $np = \lambda$ を一定に保ちつつ，$n \to \infty$ とすることで得られる確率分布です。生起する回数の平均が λ のポアソン分布は，

$$P(x) = \frac{1}{x!} e^{-\lambda} \lambda^k \quad (x = 0, 1, 2, \cdots)$$

で与えられます。ただし，e は自然対数の底で，ネイピア数とも呼ばれるもの

で, $e = 2.71828\cdots$ という無理数です。ポアソン分布のポイントは x のとりうる値が $x = 0, 1, 2, \cdots$ と, 二項分布でいうところの n のような最大値がないことです。

3 連続事象の確率分布モデル

●── 連続事象と連続変数

　連続事象とは「身長」や「石の重さ」「蟬の羽の長さ」といった計量値で与えられるような事象です。このような連続の値をとるような変数を連続変数といい, 連続の値をとりうる確率変数を連続確率変数といいます。例えば, 私たちの身長や体重などのデータは連続的な値をとるので, 連続確率変数を仮定して分析が進められる場合が多いでしょう。実際には, 60.1 (kg) や 60.2 (kg) といったように連続値の計測には有効桁が存在し, その間の数字がデータ上は存在しないことも多々あります。体重計が小数点以下 1 桁までしか測れない場合には, 体重データを離散的にしか計測できず, 60.1 (kg) と 60.2 (kg) の間の数字がデータ上は存在しえないことになるからです。しかし, このような場合も離散の確率分布モデルを用いることはほとんどなく, 連続確率変数に従うデータであると仮定して分析を進めることが一般的です。

　連続確率変数の確率分布は, 確率密度関数 (Probability density function) によって定めることができます。連続確率変数がとる値は実数で, 連続的な値ですので, その中に含まれる値は無限にあります。離散確率変数と違って, これらの値の 1 つ 1 つの確率という概念では確率分布が定義できません (1 つの値の生起確率は 0 になってしまう) ので, 連続確率変数 X では, ある x よりも小さい値が生起する確率 $P(X < x)$ を考えます。x を変化させると, この確率 $P(X < x)$ は変化するでしょう。x を微小量大きくしたときに, 確率 $P(X < x)$ が大きく増加する x の近くは, 確率的にその辺りの領域の値が出やすいことを意味しています。そこで, この確率 $P(X < x)$ を微分した関数

$$f(x) = \frac{d}{dx}P(X < x)$$

を考えると, この $f(x)$ は x 付近の確率的な出やすさを表した関数となってお

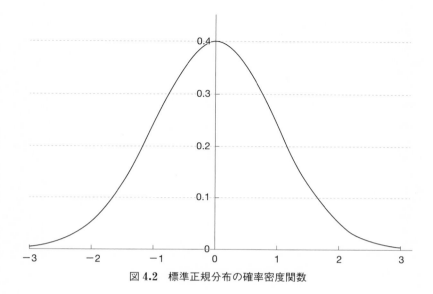

図 4.2 標準正規分布の確率密度関数

り，これを確率密度関数といいます。

●—— 正規分布

正規分布は，最も基本的な連続確率分布です。平均 μ，分散 σ^2 の正規分布の確率密度関数は，

$$f(x) = \frac{1}{\sqrt{2\pi\sigma^2}}\exp\left\{-\frac{(x-\mu)^2}{2\sigma^2}\right\} \qquad (-\infty < x < \infty)$$

という式で与えられます。平均 μ，分散 σ^2 の 2 つが，この確率分布の形状を決めるパラメータです。このパラメータは，統計学では母数とも呼ばれ，分析対象である母集団の確率分布構造を決める数値になります。また，平均 μ，分散 σ^2 の正規分布を $N(\mu, \sigma^2)$ と記述します。この確率密度関数は，初学者にはかなり複雑な式に見えますが，非常に数学的に美しい形をした左右対称の釣り鐘状の分布をしています。確率分布の中心位置を表す平均値は μ ですが，正規分布ではモード（最頻値）とメディアン（中央値）も同じく μ になります。

また，平均値が $\mu = 0$，分散が $\sigma^2 = 1$ で与えられる正規分布 $N(0, 1^2)$ は標準正規分布と呼ばれます。

●—— 正規分布から導かれる統計量分布

　観測されたデータからどこまでの結論を述べることができるかについては，設定した仮説の誤る確率によって判定を行おうとする統計的仮説検定の枠組みがあります。このような仮説検定では，さまざまな統計量が計算され，その統計量が従う分布との比較によって結論が与えられます。このように，仮説検定のために使われるいくつかの重要な統計量分布が知られています。これらの統計量分布で重要となるのは，t 分布，χ^2 分布，F 分布の 3 つです。これらはすべて，正規分布に従うサンプルから計算された統計量が従う分布です。いま，独立に正規分布に従う ϕ 個の確率変数 $X_1, X_2, \cdots, X_\phi$ があるとき，次のように定義されます。

- t 分布：独立に正規分布 $N(\mu, \sigma^2)$ に従う確率変数 $X_1, X_2, \cdots, X_\phi$ から計算した標本平均，

$$\bar{X} = \frac{X_1 + X_2 + \cdots + X_\phi}{\phi}$$

と不偏分散，

$$S^2 = \frac{1}{\emptyset - 1} \sum_{i=1}^{\phi} (X_i - \bar{X})^2$$

から計算された統計量，

$$t = \frac{\bar{X} - \mu}{S/\sqrt{\phi}}$$

が従う確率分布を自由度 $\emptyset - 1$ の t 分布（または，スチューデントの t 分布）という。

- χ^2 分布：独立に標準正規分布 $N(0, 1)$ に従う確率変数 $X_1, X_2, \cdots, X_\emptyset$ の二乗和，すなわち，統計量，

$$Z = \sum_{i=1}^{\phi} X_i^2$$

が従う確率分布を，自由度 $\emptyset$ の χ^2 分布という。

- F 分布：独立に自由度 ϕ_1 の χ^2 分布に従う Z_1 と自由度 ϕ_2 の χ^2 分布に従う Z_2 があるとき，これらの確率変数の比で与えられる統計量，

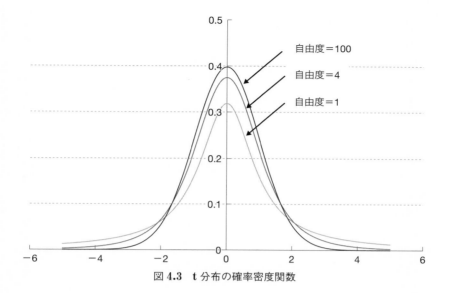

図 4.3　t 分布の確率密度関数

$$F = \frac{Z_1/\phi_1}{Z_2/\phi_2}$$

が従う確率分布を，自由度 (ϕ_1, ϕ_2) の F 分布という。

これらの確率分布の確率密度関数の概形を図 4.3〜4.5 に示します。

これらの確率分布は，現実世界の物理的な事象が従う曖昧さを表すモデルとしてよりは，統計的な仮説検定のために使われることが多い統計量分布になります。例えば，後で出てくる重回帰分析では，残差が正規分布に従い，かつ偏回帰係数が 0 であるとするとき，「推定された偏回帰係数は t 分布に従う」ということが理論的に示されるため，この事実を用いて偏回帰係数が 0 であるか否かを検定することができるようになります。

●—— 指数分布

指数分布は，1 期間に起こる回数の平均 λ が期間によらず一定であるとき，その事象が起こるまでの時間が従う確率分布です。その確率密度関数は，

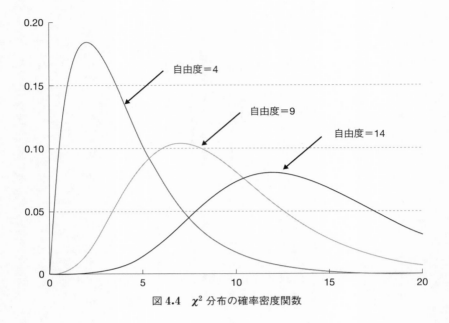

図 4.4　χ^2 分布の確率密度関数

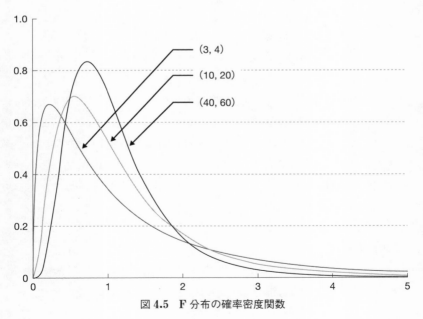

図 4.5　F 分布の確率密度関数

$$f(x) = \begin{cases} \lambda e^{-\lambda x} & (x \geq 0) \\ 0 & (x < 0) \end{cases}$$

で与えられます。その密度関数が，$x \geq 0$ の範囲で指数的に小さくなっていく関数で与えられるので指数分布と呼ばれています。例えば，「1 時間に平均 20 人が来客する窓口に，ある客が来てから次の客が来るまでの時間」「故障する確率が一定である電球を点けてから切れるまでの寿命（時間）」といった事象が指数分布に従うことが知られています。

指数分布はすでに学んだポアソン分布と関係があります。ある期間に平均して λ 回起こるような事象について，「ある期間に起こる回数に関する分布（離散分布）」はポアソン分布に従い，「次に起こるまでの時間に関する分布（連続分布）」は指数分布に従います。

●── ワイブル分布

ワイブル分布は，物体の強度や信頼性を表現するための確率分布として，1939 年にワイブル（Waloddi Weibull）によって提案されたモデルです。最も単純な電球モデルの寿命は，先ほどの指数分布で与えられることを紹介しましたが，例えば，金属の輪が連結した鎖の強度やネットワークシステムの信頼性では，指数分布よりも複雑な分布に従った現象となることが多々あります。

例えば，電球は実際には初期故障のような現象もあり，最初の期間を過ぎると故障率が下がっていくような場合もあります。また，たくさんの金属輪が鎖でつながれたチェーンの強度を考えてみましょう。1 つ 1 つの金属輪の強度は一定の確率で壊れる単純な確率分布であっても，チェーン全体ではそのうちの一番強度が弱い金属輪が壊れてしまえば，チェーン全体が切れてしまいますので，このような最弱の輪でチェーン全体の強度が決まるという少々複雑な現象を表現する必要があります。ワイブル分布は，このように物体やシステムなどの強度や信頼性に関する確率分布として，指数分布よりも複雑なさまざまな事象を表現できるモデルです。

4 パターン認識における生成モデルと識別モデル

●── AI 分野における生成モデル

　昨今の AI（人工知能）や機械学習の分野では，生成モデルという専門用語がよく聞かれるようになりました。これは，深層学習モデルなどの先進的な AI 技術により，まったく新しい画像データや動画データを自動生成するような技術が実用化されたためです。このデータ生成は，画像データや動画データを入力として，その中に潜む特徴的なパターンを抽出したり，これらのデータにラベル付けを行うといった処理だけでなく，まったく新しいデータを出力できる点が特徴です。このような技術が実用化されれば，例えば，似顔絵描画ツールや自動作曲，自動動画生成といった人間の創作活動の一部が代替可能となります。

　以上のように，特徴ベクトルからなる新たなデータを出力するメカニズムを表現したデータ出力モデルを生成モデルと呼びます。精度の高い生成モデルが構築できれば，良質の新規データを自動生成することができるため，実応用上，大変期待されている技術といえます。

　一方，パターン認識を行う機械学習の分野では，与えられたデータの特徴ベクトルから，そのカテゴリを推定する問題（分類問題）が主たる問題として取り扱われますが，そのカテゴリ推定に用いられる統計モデルは大きく「生成モデル」と「識別モデル」に分類されています。このパターン分類のための手法として「生成モデル」という言葉が使われる場合は，画像や動画を自動生成するような「生成モデル」とは異なる意味合いになりますので注意してください。

●── パターン識別のための生成モデルと識別モデル

　近年，高度に発展した AI や機械学習の技術のうち，特にその性能が著しく向上した技術のうちの 1 つが，画像認識や音声認識といったパターン識別の技術です。パターン識別とは，多くのデータを学習してパターン識別のためのモデルを構築することで，新たな入力データ（入力パターン）

$\boldsymbol{x} = (x_1, x_2, \cdots, x_d)$ に対して，その入力データが所属するカテゴリ y を推測する技術で，パターン分類とも呼ばれています。この技術によって，例えば入力した画像に写っている対象物が何であるのかを識別することが可能となります。このようなパターン識別のためには，大量のデータを学習した機械学習モデルが利用されますが，そのモデルは大きく「生成モデル」と「識別モデル」に分類されます。

　パターン識別の目的は，入力データ（入力パターン）$\boldsymbol{x}$ からカテゴリ y を推測することですから，素直なアプローチは，入力パターンを $\boldsymbol{x} = (x_1, x_2, \cdots, x_d)$ としたとき，そのデータ $\boldsymbol{x}$ が所属するカテゴリ y への所属確率 $P(y \mid \boldsymbol{x})$ を推定したモデルを構築する方法です。このようなモデルを識別モデルといいます。近年，脚光を浴びている深層ニューラルネットワークモデルや勾配ブースティングなどの機械学習モデルの多くはこのタイプの識別モデルです（第 6 章で説明します）。一方，所属カテゴリ y が与えられたもとでのパターン $\boldsymbol{x}$ の確率分布 $p(\boldsymbol{x} \mid y)$ が推定できる場合であっても，ベイズの定理（ベイズルールともいいます）を用いて

$$P(y \mid \boldsymbol{x}) = \frac{p(\boldsymbol{x} \mid y) P(y)}{p(\boldsymbol{x})}$$

のように，各カテゴリへの所属確率 $P(y \mid \boldsymbol{x})$ を得ることができます。そのため，各カテゴリ y から生成されるパターン $\boldsymbol{x}$ の確率分布 $p(\boldsymbol{x} \mid y)$ を推定することで，パターン認識を行うことが可能です。このように，パターン $\boldsymbol{x}$ の確率分布 $p(\boldsymbol{x} \mid y)$ を表現したモデルは，生成モデルと呼ばれます。まとめると以下のようになります。

- 生成モデル：パターン $\boldsymbol{x}$ を生成する確率分布 $p(\boldsymbol{x} \mid y)$ を用いて，パターンとカテゴリの関係性をモデル化しようとするアプローチ。
- 識別モデル：入力パターンを $\boldsymbol{x}$ としたとき，そのデータが所属するカテゴリ y への所属確率 $P(y \mid \boldsymbol{x})$ を表現することで，入力パターンからダイレクトにそのカテゴリを推定するアプローチ。

これらは対象問題の統計的構造やパターン $\boldsymbol{x}$ の次元やスパース性（意味のあ

る数字がどれだけ含まれているか）[1]，カテゴリ数といったさまざまな状況を加味して，分析者が適切に使い分けることが重要です。通常，画像認識や音声認識のような分類問題であれば，高性能な識別モデルが利用されますが，さまざまなビジネスデータの分析やテキストデータ分析では，そのデータの生成メカニズムが重要となる場面も多く，生成モデルが活用されるケースがあります。

5　混合モデルとベイズモデル

●── ベイズ流の統計モデル

　ここでは，人工知能や機械学習のモデルや学習アルゴリズムで重要なベイズ統計の考え方を導入したモデルを紹介します。そのためには，まずは通常の統計学や統計的学習で行われる推定や予測の方法とベイズ統計の考え方の差異について理解しておく必要があります。以下では，通常の推定と予測の問題について概要を説明してから，一般的なベイズ統計モデルの枠組みを示しましょう。

　私たちが実際の分析でよく用いる確率モデルは，パラメータによって分布の形状が定められるタイプのものが多く，このような確率モデルはパラメトリック確率モデルと呼ばれます。例えば，正規分布 $N(\mu, \sigma^2)$ では平均 μ，分散 σ^2 が決まれば，確率密度関数の形が一意に決まりますので，これらが正規分布という確率モデルのパラメータになります。通常は，これらをまとめて $\boldsymbol{\theta} = (\mu, \sigma^2)$ のようにベクトル表記します。とりうる値が K 種類の多項分布（K 項分布）の場合は，$K-1$ 個の確率 $p_1, p_2, \cdots, p_{K-1}$ が決まると確率分布が一意に決まりますので，$\boldsymbol{\theta} = (p_1, p_2, \cdots, p_{K-1})$ のようになります。

1　ビッグ・データの特徴の 1 つは，データがしばしば高次元ベクトルとなることです。このような高次元のデータでは，ほとんどの値が同じで，極めて少数の値だけが異なるような状況が構造的に起こることがあります。例えば，ある顧客の購買履歴データを，各アイテムの購入点数を並べたベクトルで表現するとき，全体で M 種類のアイテムがあれば M 次元ベクトルになります。通常，M は数千〜数百万といった大きな数となりますが，1 人の顧客が購入するアイテムはそのうちのごく限られたものに限定されるでしょう。このとき，ほとんどのアイテムの購入点数は 0 であるため，ほとんどの要素が 0 で，1 以上の値が入っているアイテムはごく少数の高次元ベクトルができます。このようなデータをスパースな（疎な）データといいます。

いま，あるパラメータ $\boldsymbol{\theta}$ を持つ確率分布に従って生起する事象 $\boldsymbol{x}$ の確率モデルを $p(\boldsymbol{x}|\boldsymbol{\theta})$ のように記述することにしましょう。統計学や統計的推定の主たる問題は，観測された n 個のデータ $\boldsymbol{x}^n = \boldsymbol{x}_1, \boldsymbol{x}_2, \cdots, \boldsymbol{x}_n$ からパラメータ $\boldsymbol{\theta}$ を推定すること，もしくは推定されたパラメータ $\hat{\boldsymbol{\theta}}$ を用いて次に観測されるであろう $\boldsymbol{x}_{n+1}$ に対する予測を行うことです。何らかの方法で精度よく推定されたパラメータ $\hat{\boldsymbol{\theta}}$ があれば，「未来のデータ $\boldsymbol{x}_{n+1}$ は確率分布 $p(\boldsymbol{x}_{n+1}|\hat{\boldsymbol{\theta}})$ に従って生起する」とみなすことは合理的な考え方の1つといえるでしょう。1つの方法は，観測された n 個のデータ $\boldsymbol{x}^n = \boldsymbol{x}_1, \boldsymbol{x}_2, \cdots, \boldsymbol{x}_n$ の生起確率

$$p(\boldsymbol{x}^n|\boldsymbol{\theta}) = p(\boldsymbol{x}_1, \boldsymbol{x}_2, \cdots, \boldsymbol{x}_n|\boldsymbol{\theta})$$

が最も大きくなるようにパラメータ $\boldsymbol{\theta}$ を決める方法です。このようにパラメータ $\boldsymbol{\theta}$ を推定する方法は最尤推定法と呼ばれています。これは，実際に目の前で観測されたデータ $\boldsymbol{x}^n = \boldsymbol{x}_1, \boldsymbol{x}_2, \cdots, \boldsymbol{x}_n$ は，確率的に起こりやすい事象のはずであるという発想で正当化されます。「生起確率が小さい事象は観測されるはずがない」と考えれば，生起確率を最大化することの意図が多少理解できるでしょうか。

さて，これに対し，ベイズ統計では確率モデルのパラメータ $\boldsymbol{\theta}$ も確率分布によって生成されていると考えます。いま，パラメータ $\boldsymbol{\theta}$ の確率分布を $p(\boldsymbol{\theta})$ と記述し，観測された n 個のデータ $\boldsymbol{x}^n = \boldsymbol{x}_1, \boldsymbol{x}_2, \cdots, \boldsymbol{x}_n$ の確率モデルを $p(\boldsymbol{x}^n|\boldsymbol{\theta})$ とすると，ベイズルールによって，

$$p(\boldsymbol{\theta}|\boldsymbol{x}^n) = \frac{p(\boldsymbol{x}^n|\boldsymbol{\theta})p(\boldsymbol{\theta})}{p(\boldsymbol{x}^n)}$$

という式が成り立ちます。この式を考えるうえでは，観測データ $\boldsymbol{x}^n = \boldsymbol{x}_1, \boldsymbol{x}_2, \cdots, \boldsymbol{x}_n$ は既知なので固定されていることに注意してください。$p(\boldsymbol{\theta})$ は観測データ $\boldsymbol{x}^n$ を観測する前のパラメータ $\boldsymbol{\theta}$ の確率分布で事前確率分布と呼ばれます。これに対して，観測データ $\boldsymbol{x}^n$ を観測した後に得られる $p(\boldsymbol{\theta}|\boldsymbol{x}^n)$ は事後確率分布と呼ばれる確率分布で，観測データ $\boldsymbol{x}^n$ の情報に基づいてパラメータ $\boldsymbol{\theta}$ の確からしさを確率分布で推定したものとなっています。このように，ベイズ統計ではパラメータ $\boldsymbol{\theta}$ も確率分布に従うものと考え，確率分布によってパラメータ $\boldsymbol{\theta}$ の推定を行います。パラメータ $\boldsymbol{\theta}$ の事後確率分布 $p(\boldsymbol{\theta}|\boldsymbol{x}^n)$

が得られれば，$\boldsymbol{x}_n$ の次のデータ $\boldsymbol{x}_{n+1}$ の確率分布は，

$$p(\boldsymbol{x}_{n+1} \mid \boldsymbol{x}^n) = \int_{\boldsymbol{\theta}} p(\boldsymbol{x}_{n+1} \mid \boldsymbol{\theta}) p(\boldsymbol{\theta} \mid \boldsymbol{x}^n) d\boldsymbol{\theta}$$

のように計算することができ，これを予測分布と呼びます。

　さて，この一般的なベイズ統計のモデルでは，観測データ $\boldsymbol{x}^n = \boldsymbol{x}_1, \boldsymbol{x}_2, \cdots, \boldsymbol{x}_n$ はすべて同じパラメータ $\boldsymbol{\theta}$ の確率分布 $p(\boldsymbol{x}^n \mid \boldsymbol{\theta}) = p(\boldsymbol{x}_1, \boldsymbol{x}_2, \cdots, \boldsymbol{x}_n \mid \boldsymbol{\theta})$ に従って生成されているという仮定があることに注意しましょう。パラメータ $\boldsymbol{\theta}$ は事前確率分布 $p(\boldsymbol{\theta})$ に従って生成されますが，一度，$\boldsymbol{\theta}$ が生起したら，そのパラメータ $\boldsymbol{\theta}$ は不変で，n が大きくなっても確率分布 $p(\boldsymbol{x}^n \mid \boldsymbol{\theta})$ に従って観測データ $\boldsymbol{x}^n = \boldsymbol{x}_1, \boldsymbol{x}_2, \cdots, \boldsymbol{x}_n$ が生起し続けるということになります。

●── 混合モデル

　一般に，正規分布は一山の単峰形をした釣り鐘状の確率分布です。したがって，二山があるような現象に対して，正規分布を当てはめようとしてもうまくいきません。例えば，女性と男性を区別せずに，ランダムに選んだ被験者の身長の分布をヒストグラムで描くと二山の分布が得られることはしばしばあります。このような分布に対して，一山の正規分布を当てはめて平均値や分散を推定しても意味のないものとなってしまいます。通常は，性別という適切な層別変数を用いて，女性と男性とで別々にヒストグラムを描けば解決する問題ではありますが，このような明らかな層別変数が容易に見つけられない場合も多くあります。このような事象は，女性の身長を表す正規分布と男性の身長を表す正規分布を 2 つ足し合わせたような二山の分布で表現することが可能です。いま，平均 μ_1，分散 σ_1^2 で与えられる正規分布の確率密度関数 $f_1(x) = f(x \mid \mu_1, \sigma_1^2)$ と平均 μ_2，分散 σ_2^2 で与えられる正規分布の確率密度関数 $f_2(x) = f(x \mid \mu_2, \sigma_2^2)$ を，混合割合 $\pi_1, \pi_2 = 1 - \pi_1$ で重み付け和をとると

$$f(x) = \pi_1 f_1(x) + \pi_2 f_2(x)$$

という確率密度関数が得られます。このような複数の確率分布を混合確率で重

み付け和した確率モデルは，単一の確率分布では表現できない複雑な事象を表現することが可能です。

上では確率密度関数 $f(\boldsymbol{x})$ を考えましたが，離散確率変数の場合は，確率分布は確率質量関数 $P(\boldsymbol{x})$ で表されるので，どちらかに限定せずに両方を含んだ確率分布を意味する場合には $p(\boldsymbol{x})$ と書くことにしましょう。一般的には，多次元変数 $\boldsymbol{x}$ に対して，K 個の確率分布 $p_1(\boldsymbol{x})$, $p_2(\boldsymbol{x})$, $\cdots$, $p_K(\boldsymbol{x})$ の総和が 1 で与えられる重み π_1, π_2, $\cdots$, π_K で重み付け和をとると

$$p(\boldsymbol{x}) = \sum_{k=1}^{K} \pi_k p_k(\boldsymbol{x})$$

という確率分布が与えられます（$\sum_k \pi_k = 1$）。これは，データが「K 個の確率分布のうちのいずれの分布に従うかをまず確率 π_1, π_2, $\cdots$, π_K に従って決め，その選ばれた k のもとで，$p_k(\boldsymbol{x})$ によって $\boldsymbol{x}$ を生成する」というプロセスで与えられるような確率変数の確率分布です。この選ばれる k は観測されない確率変数で，データが従う潜在的なクラスを表すと解釈できます。そのため，いくつかの確率モデルの重み付け和によって与えられる確率モデルは，潜在クラスモデルとも呼ばれています。

さらに，一般に多次元変数 $\boldsymbol{x}$ の確率分布が $p(\boldsymbol{x}|\boldsymbol{\phi})$ と多次元空間 $\boldsymbol{R}$ 上の連続パラメータ $\boldsymbol{\phi}$ で与えられ，

$$\int_R \pi(\boldsymbol{\phi})d\boldsymbol{\phi} = 1$$

となる $\boldsymbol{\phi}$ 上の確率密度関数 $\pi(\boldsymbol{\phi})$ も定義できるとき，

$$p(\boldsymbol{x}) = \int_R \pi(\boldsymbol{\phi})p(\boldsymbol{x}|\boldsymbol{\phi})d\boldsymbol{\phi}$$

もまた確率分布を表します。このように，連続パラメータ $\boldsymbol{\phi}$ で分布形が与えられる確率分布を連続パラメータの確率密度で重み付け平均したような確率分布を定義することで，単一の $\boldsymbol{\phi}$ で与えられる確率分布では表現できないような，より表現能力の高い確率モデルを得ることができます。

以上のような複数の確率分布の重み付け和，もしくは重み付け積分で与えられる確率モデルを混合モデルといいます。混合モデルは，単一の確率モデルではなく，複数の確率モデルを連続的に，もしくは離散的に混合することで，よ

り豊かな表現能力を持った確率モデルです。先ほど紹介した潜在クラスモデル
は，混合モデルの一種ということができます。

　さて，このようにして得られた混合モデルの確率分布 $p(\boldsymbol{x})$ に従って生
起する観測データ $\boldsymbol{x}^n = \boldsymbol{x}_1, \boldsymbol{x}_2, \cdots, \boldsymbol{x}_n$ の確率構造は，先のベイズ統計のモ
デルとどのように異なるでしょうか。先の一般的なベイズ統計のモデルで
は，パラメータ $\boldsymbol{\theta}$ は最初に事前分布によって生成されるものの，観測データ
$\boldsymbol{x}^n = \boldsymbol{x}_1, \boldsymbol{x}_2, \cdots, \boldsymbol{x}_n$ はすべてこの生成されたパラメータ $\boldsymbol{\theta}$ を持つ確率分布
$p(\boldsymbol{x}^n|\boldsymbol{\theta}) = p(\boldsymbol{x}_1, \boldsymbol{x}_2, \cdots, \boldsymbol{x}_n|\boldsymbol{\theta})$ に従って生成されています。すなわち，パ
ラメータ $\boldsymbol{\theta}$ は，観測データの生成系列を通じて固定です。これに対して，最
初の観測データ $\boldsymbol{x}_1$ を得るときのパラメータ $\boldsymbol{\theta}$ と次の観測データ $\boldsymbol{x}_2$ を得ると
きのパラメータ $\boldsymbol{\theta}$ が異なることが想定される現象もたくさんあります。例え
ば，ある製造ラインで生産される製品の不良率は長期にわたって完全に固定で
はなく，毎日，微妙に変化しているかもしれません。そこで，最初の観測デー
タ $\boldsymbol{x}_1$ を得るときのパラメータを $\boldsymbol{\phi}_1$，次の観測データ $\boldsymbol{x}_2$ を得るときのパラメー
タを $\boldsymbol{\phi}_2$，...，最後の観測データ $\boldsymbol{x}_n$ を得るときのパラメータを $\boldsymbol{\phi}_n$ のよう
に書くことにし，これらの $\boldsymbol{\phi}_1, \boldsymbol{\phi}_2, \cdots, \boldsymbol{\phi}_n$ が確率密度関数 $\pi(\boldsymbol{\phi})$ に従うと仮定
すれば，$i = 1, 2, \cdots, n$ に対し，

$$p(\boldsymbol{x}_i) = \int_R \pi(\boldsymbol{\phi}_i) p(\boldsymbol{x}_i|\boldsymbol{\phi}_i) d\boldsymbol{\phi}_i$$

となります。したがって，このようにして作った確率モデルに従う観測データ
系列の確率分布は，

$$\begin{aligned}
p(\boldsymbol{x}^n) &= p(\boldsymbol{x}_1) p(\boldsymbol{x}_2) \cdots p(\boldsymbol{x}_n) \\
&= \int_R \pi(\boldsymbol{\phi}_1) p(\boldsymbol{x}_1|\boldsymbol{\phi}_1) d\boldsymbol{\phi}_1 \int_R \pi(\boldsymbol{\phi}_2) p(\boldsymbol{x}_2|\boldsymbol{\phi}_2) d\boldsymbol{\phi}_2 \cdots\cdots \\
&\quad \int_R \pi(\boldsymbol{\phi}_n) p(\boldsymbol{x}_n|\boldsymbol{\phi}_n) d\boldsymbol{\phi}_n
\end{aligned}$$

のようになり，パラメータは確率密度関数 $\pi(\boldsymbol{\phi})$ に従って揺らぎをもって与
えられ，かつ毎回の観測データが従う確率分布は互いに異なるパラメータ
$\boldsymbol{\phi}_1, \boldsymbol{\phi}_2, \cdots, \boldsymbol{\phi}_n$ を持つことが許容されるのです。このような確率モデルは，確
率モデルの真のパラメータが唯一存在する必要はなく，時間とともに揺らいで

もよいという緩い仮定に基づいているため，私たちの世界の多くの事象をうまく表現してくれる可能性があります。

● —— 階層ベイズモデル

　連続的な混合モデルでは，パラメータ ϕ 上の確率密度関数 $\pi(\phi)$ によって確率分布 $p(\boldsymbol{x}\,|\,\phi)$ を平均化しました。混合する確率分布 $p(\boldsymbol{x}\,|\,\phi)$ はパラメータ ϕ で分布形が決まるパラメトリックモデルで事前に与えますが，混合をとるためのパラメータ ϕ 上の確率密度関数についても $\pi(\phi\,|\,\boldsymbol{\alpha})$ とさらにパラメータ $\boldsymbol{\alpha}$ によって分布形が決まるものとしましょう。確率分布の式は

$$p(\boldsymbol{x}\,|\,\boldsymbol{\alpha}) = \int_R \pi(\phi\,|\,\boldsymbol{\alpha})p(\boldsymbol{x}\,|\,\phi)d\phi$$

となります。こうすると，データから確率分布を推定する場合には，$\pi(\phi\,|\,\boldsymbol{\alpha})$ のパラメータ $\boldsymbol{\alpha}$ を推定すればよくなります。この $\boldsymbol{\alpha}$ はパラメータ ϕ 上の確率密度関数のパラメータということでハイパーパラメータと呼ばれます。このような確率モデルはしばしば階層ベイズモデルと呼ばれ，単純なパラメトリック確率モデル $p(\boldsymbol{x}\,|\,\phi)$ では表現できないような，現実事象に近い確率的事象を表現できるようになります。

　例えば，簡単な例として，ある確率 θ で不良品を製造してしまうような機械を考えてみましょう。毎日，n 個のサンプルをチェックして不良率を計算しているとき，この日々変動する不良率はどんな確率分布に従うでしょうか。簡単に考えれば，確率 θ を不良品を製造してしまう真の確率だとすれば，不良率は確率 θ で起こる不良事象の表す二項分布に従うといえそうです。しかし，現実事象では，日々の不良率が完全に二項分布に従うことはあまりありません。実際には，不良品を製造してしまう確率 θ は長期にわたって不変ではなく，日々のコンディションによって微妙に揺らいでいるのが普通です。

　このように確率 θ 自体がある種の不確実性を持って揺らいでいる場合には，これをデータから 1 点の θ で推定してしまうと，その推定したパラメータ θ で与えられる二項分布の分散よりも，実際のデータの分散のほうが大きくなってしまいます。これは，真の確率 θ が固定されている条件のもとでのデータ x のばらつき方よりも，確率 θ 自体もばらついているときのデータ x のばらつ

き方は当然大きくなってしまうことを意味しています。このようなケースは過分散と呼ばれ，これに対応できる確率モデルの1つが階層ベイズモデルであるといえます。

　階層ベイズモデルでは，パラメータが揺らぐような現実事象に当てはまりがよい確率モデルを定義できますが，確率分布の計算に積分操作が入ってくることに注意してください。このような積分操作は常に式展開で計算できるわけではありません。そのため，式展開によってうまく積分が消えるような確率分布 $\pi(\boldsymbol{\phi}\,|\,\boldsymbol{\alpha})$ を仮定する方法や，積分操作について厳密に成り立つ計算を行うのを諦め，乱数を用いた実験的方法で近似計算する方法などが使われます。このうち，後者の近似計算に用いられる乱数の生成方法について，次節で紹介しましょう。

6　計算機統計のための乱数生成

●── 乱数生成の必要性

　これまでは，データを生成するメカニズムとしてのデータ生成モデルについて学んできました。これに対して，本節ではデータ生成モデルに従ってデータを発生させる方法について概要を述べます。ランダムな事象に従うデータの生成は，科学的なシミュレーション実験やゲームなどで活用されています。例えば，コンピュータで動作するカードゲームソフトウェアでは，ランダムにカードを配ったり，ランダムにカードを1枚引く際に乱数が必要です。

　このような乱数データ生成は，既知のモデルが与えられたもとで，そのモデルに従うデータを多数発生させるというプロセスで作られています。このようにして作られた乱数データが，ゲームやシミュレーション実験に活用されているのです。

　一方，このような乱数生成は，昨今のデータサイエンスにおけるデータ分析の場面でもしばしば用いられるようになりました。1つの例は，深層学習モデルや勾配ブースティングなどの計算機を前提とした機械学習モデルの学習で使われていることです。これらの機械学習では，ランダムに生成したパラメータの初期値から始め，学習データが提示されるごとに徐々に学習を進めていくよ

うなアルゴリズムが使われています。この学習を進める手続きにおいてもさまざまな形で乱数が使われているのです。もう1つの重要な例は，前節で紹介した階層ベイズモデルのように，確率モデルのパラメータが確率分布に従うようなモデルの実装でしょう。通常，対象としている事象の確率分布を決めるパラメータがさらに確率分布に従う場合には，観測されるデータの確率を計算する際に複雑な積分計算が必要となってしまいます。そのような積分計算は，ある特別な状況でない限りは，計算でうまく式展開して解くことができないため，実際に確率分布に従うパラメータを乱数でたくさん生成して，それらの平均をとるような方法で近似的に計算されています。このような計算機のマシンパワーにものをいわせた方法は，従来はあまり現実的ではありませんでしたが，現在では多くの一般ユーザが自分自身のパソコンやクラウド上で実装することができるようになっています。

●── 一次元確率分布に従う乱数生成

　一次元の確率分布で重要な乱数は，一様乱数と正規乱数です。コンピュータで使われる乱数は，本当にサイコロを振って得られるような再現性のないランダムな数列ではなく，ある種の計算式を使って生成される疑似的な乱数（乱数のように見える数字の列）です。このことを明確にするために疑似乱数と呼ばれることもあります。以下では，まず，ある一定の区間の数がランダムに生成されるような一様分布に従う乱数（一様乱数）の生成法について説明してから，正規分布に従う乱数（正規乱数）について解説します。

(1) 一様乱数の生成法

　いま，a や m, c を適当な自然数として，こちらも適当な自然数 r_0 を初期値として，$t = 1, 2, 3, \cdots$ に対し，

$$a r_t + c \text{ を } m \text{ で割った余りを } r_{t+1} \text{ とする}$$

という計算によって $r_1, r_2, r_3, \cdots$ を生成していくと，これらの数字は 0 以上 $m - 1$ 以下のランダムな数列のように見えます。このような疑似乱数の作り方を合同式法といいます。もし，半開区間 $[0, 1)$ 上の連続値をとる一様乱数を

生成したい場合には[2]，十分大きな m を用いて r_t/m を生成すればよいことになります。ただし，このように計算式を用いて決定的に数列を生成していますので，完全に不規則な数列であるとはいえません。あくまで疑似乱数であり，このような乱数の一様性は概ね成立していると考えておくのがよいでしょう。a や m が同じであれば，まったく同じ初期値 r_0 からはまったく同じ乱数列が出力されます。そのため，乱数を生成しているうちに，一番最初の初期値 r_0 と同じ乱数が生成されてしまうと，それ以降はまったく同じ乱数列が繰り返されてしまいます。すなわち，このような乱数列は周期を持つことが知られています。疑似乱数の利用に問題がないような十分大きな a や m, c を用いることが必要になります。また，一般にプログラミング言語では，一様乱数を生成する関数が用意されており，このような乱数生成のためのパラメータ a, m, c をユーザが設定するようなことはほとんどありません。ただし，疑似乱数はこのような数式をもって与えられていることを知っておくことは重要です。

(2) 正規乱数の生成法

　正規分布に従うと仮定できる事象は世の中に多く，特に確率モデルに加わる雑音（ノイズ）としては正規分布が仮定されることがほとんどでしょう。ここでは，このような正規分布に従う疑似乱数を生成する方法について考えてみましょう。平均 μ，分散 σ^2 の正規分布に従う乱数は，標準正規分布 $N(0, 1^2)$ に従う正規乱数 z を用いて $x = \mu + \sigma z$ と変換すれば生成できますので，まずは標準正規分布に従う正規乱数を生成する方法について説明します。

　最も簡単な方法は，1 つ 1 つの確率変数は正規分布に従っていなくても，これらをできるだけたくさん足し合わせると正規分布に近づいていくという性質（中心極限定理）を用いて，「半開区間 $[0, 1)$ 上の一様乱数を 12 個生成し，これらをすべて足して 6 を引く」という方法です。この方法により，0 を中心に分

2　実数軸上の区間は，2 つの点（端点）を指定して，その間にあるすべての点からなる集合として定義されます。その際，これらの端点を共に含む区間であれば閉区間，どちらの端点も含まない区間を開区間といいます。a 以上 b 以下の閉区間は $[a, b]$ と記述し，これは $a \leq x \leq b$ を満たす x の集合です。a も b も含まない開区間は (a, b) と記述し，これは $a < x < b$ を満たす x の集合になります。どちらかのみ含む場合は半開区間と呼ばれ，例えば $[a, b)$ は $a \leq x < b$ を満たす x の集合になります。

散 1 に近似的に従う乱数を生成することができます。ただし，この方法は最大値が 12 より小さいことからもわかる通り，あくまで近似的に標準正規分布に従う疑似乱数であることに注意しましょう。

もう一つ別の方法として，2 つの一様乱数 z_1, z_2 を用いて，

$$x_1 = \sqrt{-2 \log_e z_1} \cos(2\pi z_2)$$
$$x_2 = \sqrt{-2 \log_e z_1} \sin(2\pi z_2)$$

という 2 つの正規乱数 x_1, x_2 を生成する方法も知られています。これは，ボックス・ミューラー法と呼ばれています。

(3) 一般の確率分布に従う乱数生成

一様分布や正規分布以外の確率密度関数 $f(x)$ に従う連続な確率変数から疑似乱数を生成する方法について考えてみましょう。このような一般の確率分布に従う乱数生成のためには，逆関数法という方法がよく知られています。

どんな確率密度関数 $f(x)$ であっても，その分布関数

$$F(x) = \int_{-\infty}^{x} f(x) dx \quad (-\infty < x < \infty)$$

を考えると，$0 \leq F(x) \leq 1$ になります。この確率密度関数 $f(x)$ に従う確率変数 X を用いて，新たに $Y = F(x)$ という確率変数を考えると，これは $0 \leq Y \leq 1$ 上の一様分布に従います。そこで，$[0, 1)$ 上の一様乱数に従う疑似乱数 y を生成し，これを $x = F^{-1}(y)$ という分布関数の逆関数で変換して生成した x は確率密度関数 $f(x)$ に従う疑似乱数になります。

例えば，指数分布に従う乱数を考えてみましょう。指数分布の分布関数は，

$$F(x) = \int_{-\infty}^{x} f(x) dx = 1 - e^{-\frac{x}{\lambda}} \quad (-\infty < x < \infty)$$

と計算できますので，その逆関数は，

$$F^{-1}(x) = -\lambda \log_e(1 - x) \quad (0 \leq x \leq 1)$$

になります。したがって，$[0, 1)$ 上の一様乱数に従う疑似乱数 y を生成し，これを，

$$x = F^{-1}(y) = -\lambda \log_e(1 - y) \qquad (0 \leq y \leq 1)$$

という変換によって生成した疑似乱数 x は指数分布に従うことになります。

　なお，先ほど正規乱数を生成する方法として示したボックス・ミューラー法は，正規分布に対して逆関数法を適用した方法となっています。

●—— 多次元確率分布に従う乱数生成

　1 次元の疑似乱数であれば，先に示した方法で一様乱数や正規乱数を生成することが可能です。また，それ以外の確率分布に対しても，分布関数の逆関数が定義できれば，逆関数法でさまざまな疑似乱数を生成することができます。

　一方，データサイエンスの分野では階層ベイズモデルを用いた推測結果を得るために，多次元の確率分布に従うサンプルを乱数によって多数生成して近似的に計算する方法が多用されるようになりました。一般に，

$$p(\boldsymbol{x} \,|\, \boldsymbol{\alpha}) = \int_R \pi(\boldsymbol{\phi} \,|\, \boldsymbol{\alpha}) \, p(\boldsymbol{x} \,|\, \boldsymbol{\phi}) \, d\boldsymbol{\phi}$$

のような積分の形で与えられる確率分布の式は厳密な計算が容易ではありません。そのため，$\pi(\boldsymbol{\phi} \,|\, \boldsymbol{\alpha})$ に従うサンプル $\boldsymbol{\phi}_1, \boldsymbol{\phi}_2, \ldots, \boldsymbol{\phi}_n$ を生成して，

$$p(\boldsymbol{x} \,|\, \boldsymbol{\alpha}) = \int_R \pi(\boldsymbol{\phi} \,|\, \boldsymbol{\alpha}) \, p(\boldsymbol{x} \,|\, \boldsymbol{\phi}) \, d\boldsymbol{\phi} \approx \sum_{j=1}^{n} p(\boldsymbol{x} \,|\, \boldsymbol{\phi}_j)$$

のように近似計算します。サンプルサイズ n が十分大きければ，この近似は現実問題に利用可能なレベルの精度を得ることができます。これは，いわゆる計算機の計算能力を駆使して，厳密な数式ではそれ以上は簡素化できない積分計算に対しても，与えられた確率分布に従うサンプルをたくさん生成して計算した結果を平均化することで近似的に計算してしまおうというアプローチです。ただし，その場合にはさまざまな多次元確率分布に従う疑似乱数をきちんと生成する必要があります。一般にコンピュータを用いて生成される疑似乱数は，先に示したような 1 次元の疑似乱数になりますので，これをうまく活用して多次元確率分布に従うサンプルを得る手法が必要になりますが，そのための代表的手法がマルコフ連鎖モンテカルロ法（Markov Chain Monte Carlo methods：MCMC 法）です。

　マルコフ連鎖モンテカルロ法はマルコフ連鎖の均衡分布を活用する方法の総称で，求めたい確率分布に従うサンプルを多数得るために，マルコフ連鎖によって多次元確率分布に従うサンプルを継続的に生成します。その代表的な方法には，ギブス・サンプリング法やメトロポリス・ヘイスティング法やそれらの改良法が知られています。具体的な乱数生成のアルゴリズムはここでは示しませんが，昨今のデータサイエンス分野では，このようなさまざまな多次元確率分布に従うサンプルを多数生成して，厳密な積分による数値計算が困難な予測分布や事後確率分布の推定を行う方法が一般的に用いられるようになっていることは知っておく必要があるでしょう。

7　深層学習モデルによる生成モデル

●—— AIが対象とするデータ生成

　近年，高度に発展した深層学習モデルによるAI（人工知能）は，さまざまな新しい技術を実用化しました。その代表例が，画像生成や画像編集の技術です。これらの技術は，ビジネスや社会科学などの分野におけるデータ分析を主たる目的としたデータサイエンスの本流の話題とは若干ずれますが，データを扱う専門家としては，一般知識として知っておくことは損ではありません。本節では，これらの技術の基本的な事項について触れておきます。

　AIが分析対象とするデータの代表例として画像データがあります。近年のノートPCなどでも顔認証が実用化されていますが，これはカメラから取り込んだ顔画像データがPCの持ち主であるか否かを瞬時にパターン認識する技術です。従来，画像データを対象としたパターン認識では，主に入力された画像データをいくつかのカテゴリのいずれかに分類したり，画像データに複数のラベルを付与するような画像分類の問題が主流でした。深層学習の登場によって，これらの画像分類の精度が人間の処理レベルを超えてくるようになると，さらには新たな画像データの生成という技術への応用が始まりました。この技術は，例えば「多くの人々が好むような（実在しない）アイドル画像を生成する」，「文書データを入力すると，その内容を表すイラストを描く」，「昔の白黒写真から，カラー写真のデータを復元する」など，非常に多くの応用範囲を持

つ画期的な技術です。

●── 敵対的生成ネットワーク

実在しないデータを生成する方法として，近年，特に注目されている技術が「敵対的生成ネットワーク（Generative Adversarial Networks：GANs)」です。これは，2014 年に Goodfellow らによって提案された深層学習アルゴリズムの一種で，互いに競合する 2 つの深層ニューラルネットワークを戦わせながら学習を進めることで，非常に性能の高い生成モデルを創り出すことに成功した技術です（Goodfellow et. al. 2014)。GANs は，「機械学習においてこの 10 年間で最も興味深いアイデア」と評されるほど注目を集めており，すでにさまざまな用途に応用されています。この技術は非常に多くの研究によって高度に発展し続けていますので，その概略を押さえるとともに，その進歩をウォッチングしておくことには意味があるでしょう。

GANs は生成ネットワーク（Generator）と識別ネットワーク（Discriminator）の 2 つのネットワークから構成されます。生成ネットワーク側は過去の画像データを学習して新しい画像データを生成し，識別ネットワークは「それが本物データであるか，創り出されたデータであるか」の真贋を見分けようと試みます。これらが互いに相手を欺こうとする方向で学習を進めるため，生成ネットワーク側は「真贋の見分けがつかないような，新しい画像データ」を出力するようにモデルを構築しますので，最終的に人間が見ても「実際に存在する画像データ」と思ってしまうようなデータを生成するようになるのです。

GANs の学習は実は不安定で，膨大な学習データを必要とすることが知られています。そのため，何らかの形で学習データを増やす技術が必要で，そのような技術はデータ拡張と呼ばれます。現在もさまざまなデータ拡張の方法が研究されており，今後もその性能は向上していくでしょう。GANs をベースとした生成モデルの改良や新たな問題への適用も多方面に発展していますので，今後の成果が楽しみな技術の 1 つです。

●── オートエンコーダ

深層学習の 1 つの技術として，オートエンコーダ（Autoencoder：自己符

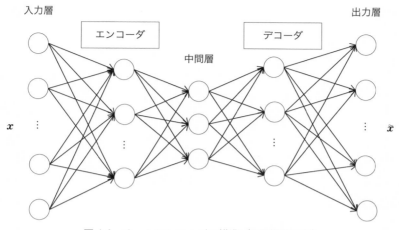

図 4.6 オートエンコーダの構造（5 層構造の例）

号化器）と呼ばれるモデルがあります。最近は，このようなモデルも比較的容易に実装ができ，実際のデータを分析することが可能になりました。しかし，そのモデルがどのようなものであるのかについて，まったく知らずにただ使うことは危険ですので，そのイメージくらいは理解しておく必要があります。オートエンコーダはニューラルネットワークの１つで，同じ数のユニットからなる入力層と出力層があります。その間に接続されている中間層は，入力層や出力層よりもかなり少ない数のユニット数とすることにより，入力されたデータを一度，中間層に圧縮（エンコード）し，再度もとのデータに復元処理（デコード）をするモデルをデータから学習します。このような次元削減により，データの本質的な特徴を中間層に抽出することが可能となります。オートエンコーダは，図 4.6 のような構造をしており，入力層から入力された x という入力ベクトルをより少ない次元の中間層に圧縮してから，元の x に近い情報である $\tilde{x}$ に復元します（$\tilde{x} \approx x$）。

オートエンコーダが提案された当初は，この構造を何層にも連携させることで（積層オートエンコーダといいます），深層学習のための多層ニューラルネットワークの初期値を与えるための技術としても期待されていました。しかし，現在では，データの非線形な構造を低次限に縮約して中間表現を得ることで，データの本質的な構造を抽出するための手法とみなされていることが多いよう

す。また，中間層の表現をランダムに作れば何らかの出力 $\boldsymbol{x}$ が生成されるモデルにもなっていることから，生成モデルとしても活用できます。また，オートエンコーダを改良したモデルとして，潜在変数に確率分布を仮定した変分オートエンコーダ（Variational Autoencoder：VAE）が提案されており，生成モデルとしての性能が優れていることが知られています。最近では，条件付変分オートエンコーダ（Conditional Variational Autoencoder：CVAE）と呼ばれるモデルも提案されており，例えば画像データを学習させて，条件を変えたときの画像を生成するという処理もできるようになっています。例えば，A 君と B 君の手書き文字画像を学習した CVAE に，A 君が書いたある文字を入力し，条件を B 君に変更することで，その文字を B 君が書いたような筆跡の文字にして出力するような操作が可能になっています。

コラム④　モデルはどうして必要になるのか？

　「モデル」という語は，いくつかの異なる意味合いで用いられる言葉です。例えば，美術家や写真家が作品制作の対象とする人も「モデル」と呼ばれます。または，「標準的な手順」や「お手本となるやり方」を「モデル」という場合もあります。これに対して，私たちがデータサイエンスの分野で使う「モデル」では，私たちが住む現実世界の現象を数学的な表現で定式化したものを指す場合が多々あります。これらは，対象とする現実世界の現象について，本質的な挙動に着目し，その部分を再現するような構造を数理モデルなどで書き下ろしたものです。これらのモデルですが，現実の事象が必ずしもその数理モデルで記述されたルールで起こっていることを保証する必要はありません。例えば，サイコロを振ると，1/6 の確率で「1 の目」が出るという知識について，多くの人は疑問を持たないかもしれませんが，これは確率モデルです。実際に目の前でサイコロを振ったときに出る目は，サイコロを振る位置や角度，初速度などから決まる物理現象と考えることもできます。しかし，このような物理現象を細かく書き下ろして「サイコロの目が決まるメカニズム」を定式化することは，現実問題としてあまり意味がないでしょう。なぜかというと，私たちは「サイコロを振る」という行為を「1 から 6 までの整数のうちの 1 つをランダムに得るための道具」として使うことが多いからです。これによって，ゲームや賭け事に偶然性を与えることができるために利用するといってもよいでしょう。このような活用イメージがあるため「サイコロの目がどのように決まるか」という現象を，不確実性を表現した「確率」という概念で記述して，現

実事象の本質を理解しようとしているのです。公正なサイコロは「1 から 6 までの整数が，確率 1/6 でランダムに決まる」という仮定があるから，「1 の目が 5 回連続で出る確率」は $(1/6)^5 = \dfrac{1}{7776} = 0.000129$ という計算が可能になり，「この結果は 7776 回に 1 回しか出ないほど珍しい現象なのか（このサイコロは不正なのでは？）」と理解することができるのです。

　この章で学んだデータ生成のモデルも，そのような利用イメージがあります。データが生成されるメカニズムについて，まったく何も仮定ができない状況では，実は観測されたデータから何も推測することができません。データの生成メカニズムとして，何らかの確率分布を仮定することができれば，その確率という測度を用いて観測されたデータの偶然性を評価したり，逆に観測データから確率の値を推定したりすることができるわけです。例えば，3，2，3，1，2，3，2，1，2といった数字の列が与えられたとして，まったく何の仮定もなく，このデータから何らかの結論を述べよといわれても不可能です。次に観測したら，10 が出てくるかもしれないですし，-2.5 が出てくるかもしれません。しかし，これらが「6 つの面を持つサイコロを振った系列である」，加えて「毎回の数字は，独立に各目が出る確率によって決まっている」という仮定が加われば，上記のデータ列からさまざまなことが推測できそうです。例えば，「3 以下の小さい目が出やすいサイコロなのでは？」といった推測です。

　以上のように，データを分析するためには，何らかの仮定や前提が置かれていることに注意しましょう。「対象とする物事は，このようなルールで決まっているものとしよう」というお約束がなければ，目の前で観測されたデータを分析することができません。逆にいいますと，ある仮定や前提のもとで構築されているデータ分析手法を，この仮定や前提がまったく当てはまらない事象のデータに適用してしまうと，とんでもなく間違った分析結果に到達してしまう可能性すらあるので注意してください。これが，データ生成のメカニズムをきちんと理解しなければならない理由の 1 つです。

　もう 1 つの理由は，昨今の AI 技術の発展は，その内部でさまざまなデータを自動生成して，学習に活用しています。加えて，自動画像生成や自動作曲といったデータ生成自体を具現化した技術も登場しています。伝統的な AI では，過去の事例やデータを効果的に学習して，知的な判断を行う予測器を構築することが主たる研究課題でしたが，現在は制作活動や創作活動といった高度な知的活動をめざした AI が登場する時代となりました。データを生成するメカニズムをモデルを用いて理解すること，そのような意味でも重要性が増しているといえます。

✎ 課　　題

① 　二項分布とポアソン分布の違いについて説明してみましょう。

② 　正規分布から導かれる t 分布，χ^2 分布，F 分布は，どんな目的で使われる確率分布であるのかを説明してみましょう。

③ 　パターン分類問題における生成モデルと識別モデルの違いについて説明してみましょう。

📚 参考文献

岡谷貴之（2015）『深層学習』講談社。

久保拓弥（2012）『データ解析のための統計モデリング入門——一般化線形モデル・階層ベイズモデル・MCMC』岩波書店。

小柴健史（2014）『乱数生成と計算量理論』岩波書店。

須子統太・鈴木誠・浮田善文・小林学・後藤正幸（2021）『確率統計学（IT text）』オーム社。

平井有三（2012）『はじめてのパターン認識』森北出版。

Goodfellow et al.（2014）"Generative Adversarial Networks." https://arxiv.org/abs/1406.2661

第 5 章

データの可視化手法

分析対象であるデータが実際に与えられたとき，まずはそのデータの特徴をつかむことが大変重要です。与えられたデータは単に数値や文字の羅列であることがほとんどですので，それらの統計的特徴をわかりやすく可視化し，分析の方針を立てることは大変重要になります。また，可視化は単に視覚的にわかりやすく図にすることだけではありません。グラフなどに付記する重要な統計量の計算も必要になります。本章では，さまざまなデータの可視化手法について説明します。

1 データ可視化の目的と方法

●—— データを可視化する目的

データサイエンスを学ぼうとする読者にとって，分析や研究の対象はデータになります。取得したデータに対して，どのような分析を適用し，どのような結論を得るかを考える必要があります。そのような結論に至る分析のストーリーを組み立てるためにも，まずはデータの特徴について概略をつかむことは大変重要です。そのための方法がデータの可視化といえるでしょう。

しばしば，データ分析のソフトウェアでは「データのモニタリング」といった言葉で定義されている場合もありますが，このプロセスを飛ばしてはいけません。データ分析を「料理」に例えると，データは「素材」であり，目的は「いかに素材のよさを生かして最終形である料理を作り上げるか」ということになりますが，そもそも「素材」に問題があれば，どんなに上手な調理を施しても美味しい料理ができるはずはありません。まずは，「素材」が，これから取り組む「料理」やめざす「メニュー」にとって適切な「素材」であるのかを

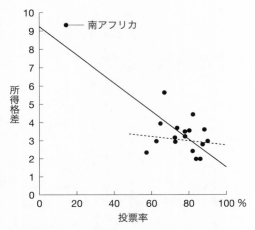

（出所）　Jackman（1980）Figure 1.

図 5.1　可視化の重要性

きちんと吟味する必要があります。

　例えば，Jackman（1980）が指摘したように，たった 1 つの値で，分析の結果に対し，解釈が大きく異なることがあります（図 5.1 参照）。図 5.1 にあるすべてのデータの背後には，実線のような関係があるように読み取れますが，南アフリカのデータを除くと破線のような関係があるように読み取れます。グラフを用いてデータを確認することを怠れば，誤った意思決定を行う可能性があります。

　データを可視化した際に確認すべきことはいくつかありますが，必要最小限のこととして次の①から③については，明確にチェックするべきでしょう。

① 　データの分布は対象とする問題に対して妥当なものであるか
② 　外れ値や異常値などのデータは存在しないか
③ 　データ分布がこれから適用する分析手法に適合するか

　笑えないことですが，実際にデータ分析をしている分析者が取り扱っているデータがまったく間違ったものであることに気づいていないこともあります。最近のデータ分析では，データベースから抽出したデータを用いることがよく

ありますが，その際，データを抽出する人と分析する人が異なることは，珍しいことではありません。受け取ったデータに抽出操作のミスがまったくないとは言い切れません。分析対象のデータを可視化し，分析者の知見を総動員しておかしな点がないか，データは対象問題に対して妥当といえるかどうかを確認する必要があります。

　第3章で指摘したように，データには，しばしば正常なデータの分布に従わない「外れ値」や何らかの原因で正常に観測されなかった「異常値」が混入します。例えば，小売店の売上データを分析しようとするとき，「負の売上金額」が計上されている場合もあります。このような「負の売上金額」は，よく調べて見ると「一度購入をした顧客が返品をしてきた際に，従業員がレジで返金操作をした履歴」だったりするのです。このような異常値は取り除いて分析をしないと，例えば「顧客1人当たりの売上単価」を計算しても間違った集計になっていることは明らかでしょう。分析者は，データを分析する前に必ず「外れ値」や「異常値」の有無をチェックしなければなりません。

　データ分析は，観測されたデータから，そのデータを生成する母集団（情報工学の分野では「情報源」と呼ぶこともあります）の性質について推測を行うことが目的となります。このような「統計的推測」には，何らかの「仮定」が必要であることは意外に理解されていません。例えば，仮説検定によって「結果の統計的有意性」を判断する場合には，暗に「観測データは○○分布に従う」といった仮定のもとで，統計量の生起確率が吟味されているのです。多変量のデータ解析では，さまざまな統計的な手法が適用されますが，これらもその分析手法が前提としている仮定のもとに，その合理性が認められる手法といえます。したがって，統計的な手法を適用する際には，その手法の前提条件が成り立っているようなデータであるのか否かを確認しておかないと，適用した手法の分析結果が信用できないものとなってしまいます。

●── データの構造と可視化

　データの可視化には，「グラフ」を作成する，もしくは，「表」を作成するの2つの手法があります。グラフで可視化する際は，「データが1つの変数で構成される（列が1つのみのデータ）か，複数の変数で構成される（複数の列を有す

図 5.2　グラフの構成要素

る）か」「量的データであるか，質的データであるか」といった違いによって
さまざまな手法があります。ただ，可視化する際には，データ自体の構造にも
注意を払う必要があります。「グラフ」や「表」を作成するには，グラフや表
を作成できるような構造である必要があります。

　グラフを描くには，図 5.2 にあるように，縦軸と横軸が必要です。そのた
め，データとしては，横軸と縦軸という 2 つの列が必要になります。ただし，
データによっては与えられた 1 つの列（データ）からもう 1 つの列を作成する
ことが可能な場合があります。例えば，ヒストグラムは統計学の教科書では一
変量のデータを可視化する手法と説明されていることが多いかと思いますが，
実際には，図 5.3 にあるようにもとのデータから 2 つの列に変形して可視化し
ています。また，図 5.4 の左のように，○と×が記載された 1 列のデータにお
いて，図 5.4 の右のような棒グラフを描く際も，○と×の数を集計し，2 列の
データを作成する必要があります。縦軸と横軸が決まれば，そこにデータを線
や棒などの図で表現しますが，それぞれの図には意味があり，作成者の意図が
反映されたものになります。

2　データの構造から考える可視化

●──1 変量のデータの可視化

　データが 1 変数である場合の可視化は，何らかの結論を述べたい場合に，デ

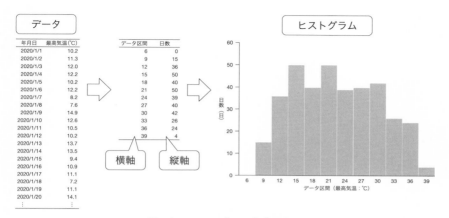

図 5.3　ヒストグラム作成の流れ

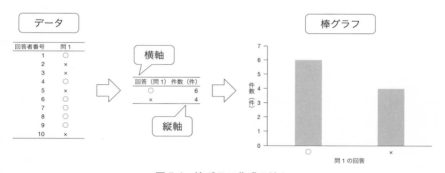

図 5.4　棒グラフ作成の流れ

ータに基づく結果を端的に示す場合に利用されます。例えば，「日本人の所得分布」を示して，そこから導かれる結論を述べることはしばしば行われます。また，1 変量のデータ（1 列しかないデータ）を可視化する代表的な手法は，ヒストグラムですが，ヒストグラム以外にも，折れ線グラフや，棒グラフや円グラフがしばしば用いられることがあります。

　1 変量のデータの構造は，横軸と頻度を表す数値になります。ただし，データの意味が異なるために，ヒストグラム，折れ線グラフ，棒グラフと使い分けをします。1 変量のデータを表すには，図 5.5 の左のグラフにあるように点で表現することも可能です。しかし，点では，過去 5 年の年間販売金額の推移のデータも，5 つの地域の販売金額のデータも同じになり区別がつきません。

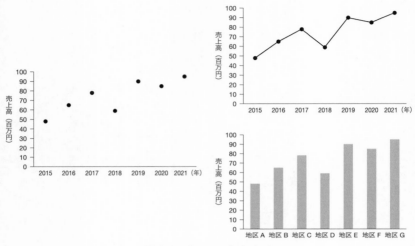

図 5.5　グラフの意味（1）

　年間の販売金額では，横軸の変数は「年」ですので，連続的な変数です。そこで，年間の販売金額のデータを折れ線グラフにすると（図5.5の右上のグラフ），年と年がつながりグラフ全体の変化が理解できるようになります。一方，地域のデータは地域間の差異を確認するために作成します。そのため，隣り合う数値同士が明確に異なることが理解できるように棒グラフにする（図5.5の右下のグラフ）と，グラフで表現したい内容が表現できるでしょう。折れ線グラフは変化を表現するため，横軸の項目には連続性があるものが望ましく，棒グラフは異同や離散的な関係を表すため，横軸となるデータには連続性は必要ではありません。なお，棒グラフは多変数の質的変数を用いた分析をするための基礎分析として，質的データを1つ1つチェックするための有用な手法でもあります。棒グラフを描くことで，質的変数がとりうる値のばらつき方を把握でき，極端な偏りがないか否かをチェックすることができるのです。

　質的データをグラフ化する際，まず初めに行うのは，出現数を数え上げることです。その結果は棒グラフで表現しても，図5.6の左のように，円グラフを用いて質的変数がとる値の割合を可視化してもよいでしょう。ある1変数の質的データのみに着目して，そのとりうる値の割合から何らかの意思決定を行おうとしている場合には，円グラフは有用な手段となります。ただし，2つ以上

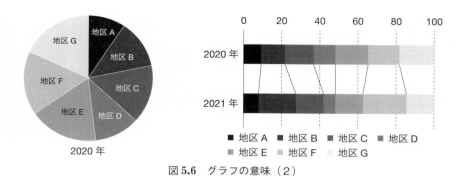

図 5.6　グラフの意味（2）

の比率のデータを比較する際は，円グラフではなく図 5.6 の右のように帯グラフを用いて分析するとよいでしょう（帯グラフで比較する際は，図 5.6 のように区分線を用いると，どの部分に違いがあるか容易に理解できるでしょう）。

　近年のデータサイエンスでは，多変量のデータを扱うことがほとんどですので，1 変量のデータの可視化の重要性は，低いと思われるかもしれませんが，大規模なデータも所詮は 1 つ 1 つのデータの集まりです。そのため，変数（データの列）ごとに分布の形状や外れ値・異常値の有無を確認することは基本中の基本となります。量的なデータについて外れ値や異常値を確認するには，各変数のデータに対するヒストグラムを描いて，その形状を視覚的にチェックします。具体的には，次のような点に注意してデータを確認するとよいでしょう。

- その分布はどのような形状になっているか
- その分布の中心的位置やばらつきの大きさはどの程度か
- 外れ値や異常値などの分析に影響を与えるデータが混入していないか

　図 5.3 にある東京都の 2020 年における日別の最高気温のヒストグラムでは，「分布の形状は左右対称ではなく正のほうに歪んでいる」「分布には，12〜15℃ と 18〜21℃ の 2 つの峰がある」「最高気温として考えられないような異常値は含んでいない」と見て取れます。なお，量的変数に対するヒストグラムと質的変数に対する棒グラフはしばしば混同されていることがありますが，本質的に

別物であるため，きちんと区別する必要があります。

●──2 変量以上のデータの可視化

　データが多数の列で構成されている場合，多変量解析の手法を用いて分析をすることが多いでしょう。ただし，その前に，多変量解析の分析モデルの前提を正しく理解し，分析対象である多変量データがその前提に従っているかを確認するべきです。例えば，多変量解析の一手法である重回帰分析では，複数の説明変数と目的変数の間に相関関係があることが前提になります。また，重回帰分析を適用しようとする対象データにおいて，「説明変数間に強い相関がある」という場合，データは「多重共線性を持つ」といいますが，このような場合，重回帰分析の回帰係数の推定を著しく不安定にすることが知られています。逆に，主成分分析は，複数の変数間の相関を捉え，少ない主成分に変数を合成してまとめる手法ですので，変数間に強い相関がないと適用する意味がありません。このよう場合，散布図や相関係数を用いて，変数間の関係を確認します。なお，先の項で，1 変量のヒストグラムを描くときも，横軸と縦軸の 2 つのデータがあると説明しましたが，ここで述べる 2 変量とは意味が異なります。ここで述べる 2 変量とは観測（測定）したデータが 2 つあるという意味です。先のヒストグラムでは，観測したデータは縦軸のデータになります。

　2 変量以上のデータの関係を確認する際，そのデータがどのような内容であるかにより採用される手法が異なります。データは量（計算可能）と質（計算不可）で分類できますが，この 2 種類のデータを組み合わせると，図 5.7 のような 3 つの組み合わせがあり，それぞれ別の手法を用いてデータを可視化します。

　散布図（縦軸も横軸も量のデータ）は，横軸のデータの変化に対し，縦軸のデータがどのように変化をするのか確認する目的で作成します。散布図の形状から，右肩上がりの正の相関が見られる場合や，逆に右肩下がりの負の相関が見られることもありますが，円状に分布して関係性が見られない場合や U 字型や V 字型の分布になる場合もあります。いずれにしても，2 つの変数間の関係性を観察し，それが技術的な観点から妥当な分布であるのか否かを考察することが重要になります。また，相関係数を求めて，2 変数の直線的な関係の程度

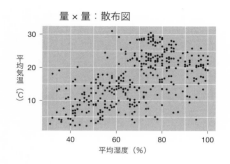

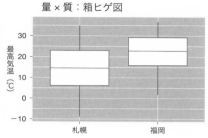

質×質：分割表（クロス集計表）

	夏日	夏日でない	計
札幌	59	33	92
福岡	86	6	92
計	145	39	184

図5.7　散布図・箱ヒゲ図・分割用表のイメージ

を量的に確認します（図5.7左の散布図の相関係数は0.556）。

　箱ヒゲ図（縦軸は量のデータ，横軸は質のデータ）は，グループ間でデータの中心の位置，分布の形状を比較する際に用います。後述する，層別にしたヒストグラムと同様の比較を行っていますが，箱ヒゲ図はヒストグラムをより簡略化したものを複数並べているものになります。分割表（クロス集計表）は，表側と表頭に関係があるかどうかを確認するために用います（表の行，列とも質のデータ）。この関係があるか否かを確認するには，「2つの質的変数に統計的関係性がないこと（独立）を仮定すると，それぞれのセルに入る値はどのくらいになるか」を計算して，実際に観測されている数値とその結果を比較して判断します。

　質×質のデータを分析する際，クロス集計表を作成したのち，次のような方法で関係の有無についてあたりをつけます。ここでは，某オンラインショッピングサイトを訪れた顧客に対し，あるプロモーション施策（例えば，割引クーポンの贈呈）を行うことが，最終的な「購入／非購入」に影響を与えるか否かを分析したいという状況を例にとり説明します。オンラインショッピングサイト側の施策を見たか否かは，ユーザのクリックによってデータが観測できるものとします。いま，サイトを訪れた2000人のユーザに対し，「施策を見た／

表 5.1　施策の閲覧の有無と購入・非購入

	購入	非購入	計
施策を見た	40	260	300
施策を見ていない	60	1640	1700
計	100	1900	2000

表 5.2　総計に対する各周辺和の比率

	購入	非購入	計
施策を見た	40	260	300/2000＝0.15
施策を見ていない	60	1640	1700/2000＝0.85
計	100/2000＝0.05	1900/2000＝0.95	2000/2000＝1.0

見ていない」と「商品を購入した／しない」のデータが観測できているものと
し，それぞれの人数を計測してまとめ，表 5.1 のようなクロス集計表を作成し
たとします。

　このクロス集計表の周辺和[1]について，全体のデータ数である 2000 件に対す
る割合[2]を計算してみると，表 5.2 のようになります。

　もし，「施策を見た／見ていない」と「購入／非購入」に統計的な関係がな
く，独立（無関係）であったとすれば，「施策を見た and 購入」というユーザ
の割合は，$0.15 \times 0.05 = 0.0075$ になるはずです。このようにして，2 変数が
独立であることを想定した際に，各セルにデータが入る確率は，それぞれの周
辺和と総計の比率の掛け算になります。そのため，独立として仮定した際の人
数は，それぞれ以下のようになります。

- 「施策を見た and 購入」：$0.15 \times 0.05 \times 2000 = 15$ 人
- 「施策を見た and 非購入」：$0.15 \times 0.95 \times 2000 = 285$ 人

---

[1]　表の「計」のセルには，各行もしくは各列のデータの和が計算されて記入されています。
　　これらの値は周辺和と呼ばれます（列和，行和ともいいます）。

[2]　この割合を周辺分布といいます（別の表現をすると，列和，行和の総数に対する割合〔相
　　対頻度〕）。

表 5.3 実際の数値との比較

	購入	非購入	計
施策を見た	40(15)	260(285)	300
施策を見ていない	60(85)	1640(1615)	1700
計	100	1900	2000

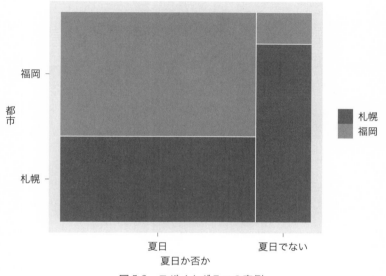

図 5.8 モザイクグラフの事例

- 「施策を見ていない and 購入」：$0.85 \times 0.05 \times 2000 = 85$ 人
- 「施策を見ていない and 非購入」：$0.85 \times 0.95 \times 2000 = 1615$ 人

この独立を仮定した場合の数値と実際に観測されているデータの数値をあわせて記述すると表 5.3 のような分割表になります。各セルに記載されている数値が，実際の観測値で，括弧内の数値は 2 変数が独立である状況で推測される数値になります。

この結果から，2 つの質的変数が独立である場合には「施策を見た and 購入」の人数は 15 人と推測されるものの，実際の観測値はそれより 2 倍以上大

きい 40 であることがわかります。この結果から，「施策を見たユーザ」は，よ
り購入に至る割合が高い可能性が見受けられます。実際に「施策を講じるこ
と」が「購入／非購入」に与える因果効果を正しく推定するためには，追加の
実験を行うことが望ましいといえますが，そのための仮説を発見するために分
割表はとても有用です。

　分割表よりは一般的ではありませんが，質 × 質のデータを分析する手法に
モザイクグラフがあります。図 5.8 は図 5.7 のクロス集計表を表したものです
（このグラフの作成には R のパッケージの「ggmosaic」を用いています）。

●── 層別のデータの可視化

　層別のデータとは，グループとなる変数があるデータの構造になります。別
の言い方をすると，層別するための変数がデータに観測されている必要があり
ます（層別にするグループの変数は，通常，質的な変数ですが，量的な変数から，平均
値以上と未満というグループを作成し利用することも可能です。図 5.8 では気温のデー
タから夏日か否かの条件でデータを作成しています）。例えば，身長のデータでいえ
ば，性別や国籍などの属性データが観測されていれば，そのデータを用いて層
別して，分析することができます。ここでは，総務省の家計調査のデータにお
いて，都道府県を東日本と西日本に分類してみましょう。その分類のための新
しい変数がグループを表し，表 5.4 は，2 つのグループ別のしゅうまいの世帯
当たりの購買金額を表現しているデータになります（表 5.4 のデータでは，「東
西」という変数において，数値の 1 が「東」を表します）。表 5.4 のデータを東日本
を薄いグレーの点，西日本を濃いグレーの点として，都市別の実績をグラフ化
したのが図 5.9 の左図です。この結果を見ると，1000 円/世帯を超す都市が，
東日本に多いことが理解できるでしょう。また，ぎょうざとしゅうまいの箱ヒ
ゲ図を層別に表したものが，図 5.9 の右図になります。この結果から，ぎょう
ざの世帯当たりの購買金額には，東日本と西日本に差は見られませんが，しゅ
うまいの購買金額には差が見られるといったことが理解できるでしょう。

　1 変数データの可視化手法であるヒストグラムや棒グラフ，円グラフは，何
らかの質的変数を共に観測し，層別することでさまざまな発見を導いてくれる
ことがあります。「生徒の模擬試験の成績」という量的データについても，「学

表 5.4　層別のデータの構造

都市名	東西	カテゴリー	金額（円）
札幌市	1	しゅうまい	698
青森市	1	しゅうまい	825
盛岡市	1	しゅうまい	703
仙台市	1	しゅうまい	1132
秋田市	1	しゅうまい	701
山形市	1	しゅうまい	843
福島市	1	しゅうまい	809
水戸市	1	しゅうまい	1128
宇都宮市	1	しゅうまい	905
前橋市	1	しゅうまい	1179
さいたま市	1	しゅうまい	875
千葉市	1	しゅうまい	1436
東京都区部	1	しゅうまい	1680
横浜市	1	しゅうまい	2178
⋮	⋮	⋮	⋮

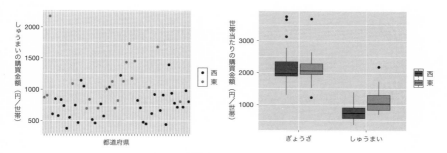

図 5.9　層別にグラフ化した結果

校」や「クラス」「性別」などで分布が異なる場合があります。1 変数データ
であっても，別の質的変数によって異なる分布になるのであれば，きちんと層
別して比較するべきでしょう。例えば，図 5.10 は層別のヒストグラムの事例
です。2021 年の 1 月〜6 月における札幌と福岡の最高気温の分布で 2 つのヒ
ストグラムを描いています。図 5.10 のように縦に並べて比較すると，札幌と
福岡の最高気温の平均やばらつきの違いが明確にわかります。層別ヒストグラ
ムは，量的変数のヒストグラムを質的変数の値ごとに層別して描いたヒストグ
ラムを比較する場合の他に，平均値以上か未満で 2 つのグループに分けるとい

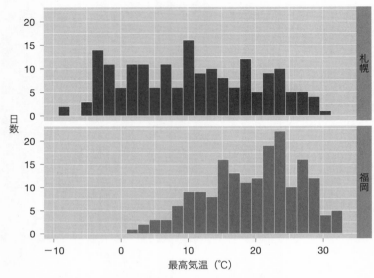

図 **5.10**　層別のヒストグラムの事例

ったように量的変数を用いてグループ化する場合があります。

　層別にデータを可視化することの利点の 1 つは，2 つの変数間の関係を読み取る際に，誤認を防止することができるという点です。2 つの変数間に何らかの関係性が見られたとしても，それらが見た目上の相関である可能性もあるため，変数間に因果関係があるのか否かは一概に決められないことがあります。その際は，層別でデータを可視化することで正しい判断を行うことができます。

　散布図を作成した際に，見た目上，2 変数の相関が見られる例としては，「年収とウエストのサイズ」「年収と 50 m 走のタイム」「アイスクリームの売上と水難事故数」「町のコウノトリの巣の数と出生率」などがよく知られています。最初の「年収とウエストのサイズ」や「年収と 50 m 走のタイム」は，実は，「年齢」という共に変化する変数が存在していて（共変量といいます），年齢が上がるごとに「ウエストのサイズ」は大きく，「50 m 走のタイム」は遅くなっていきますが，これに対して「年収」は上がっていくという関係が見られるために生じる相関関係です。このような相関関係があるからといって，例えば「年収を増やすためには，暴飲暴食をしてウエストのサイズを増やせばよ

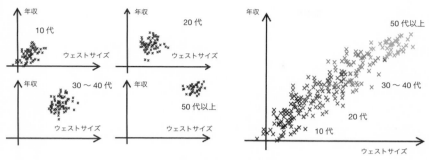

図 5.11 疑似相関の事例

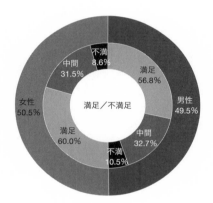

図 5.12 円グラフの工夫

い」とか,「年収を増やすために,50 m 走のタイムを遅くすればよい」といっ
た議論はまったくの的外れであることは容易に理解できるでしょう。このよう
に,因果関係がない相関のことを「疑似相関」といいます。例えば,図 5.11
の左のように各年代では相関関係が見られないデータを,全年代を合わせて図
5.11 の右のように 1 つの散布図で描いたらどうなるかを,想像してみれば理
解できるでしょう。

●── 基本を改善したグラフ

　日常的に新聞などでよく目にする基本的なグラフとして,ヒストグラム,棒
グラフ,円グラフ,折れ線グラフなどがあります。グラフを作成する目的は,
相手に情報を適確に伝えるという点です。そのため,現在では,先に説明した

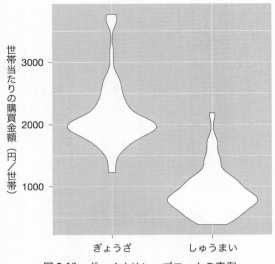

図5.13　ヴァイオリン・プロットの事例

基本のグラフにさまざまな改善が試みられています。例えば，円グラフを2つ重ねることで情報を付加することができます。図5.12は男女で生活全体の満足感に差があるのか[3]，この1つのグラフで理解できます。

　箱ヒゲ図についてもさまざまな改善が試みられています。箱ヒゲ図は分布の概要は理解できるのですが，箱の部分を見ると，長方形ですので，均一な分布のようにも見て取れます。そのため，図5.13のようなヴァイオリン・プロットという方法が提案されています[4]。ヴァイオリン・プロットは，箱ヒゲ図に，データがどこに多いのか（データの密度）の情報を可視化したグラフになります。図5.13を見ると，「ぎょうざ」と「しゅうまい」の都市別の世帯当たりの購買金額の分布では，「しゅうまい」は金額が過度に低い都市がないことが理解できます。

　散布図は量的な2変量の関係を表すのに適した手法ですが，難点もありま

---

[3]　内閣府（2019/2020）が行った「満足度・生活の質に関する調査」において，生活全体の満足度（0～10点）を満足（7点以上），不満（3点以下），中間（4～6点）とし作成しています。

[4]　ヒストグラムを左右対称に貼り合わせ，滑らかになるように表現したものと考えるとよいでしょう。Rのパッケージのggplot2に実装されています。

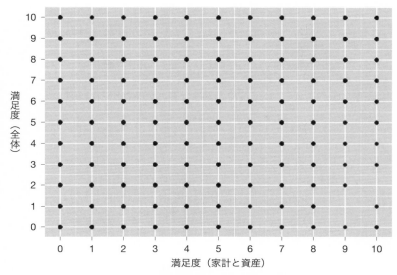

図 **5.14** 全体の満足度と家計と資産の満足度の関係

す。2 変量が連続型（小数もとりうるデータ）であれば，同じ組み合わせのデータはほとんどありませんが，離散型（整数値しかとらないデータ）では，同じ値の組み合わせのデータが多数生じます。この離散型のデータで散布図を作成すると，重なる点が多くなり，どのような関係があるかを理解することはできません。図 5.14 は図 5.12 でも使用した「満足度・生活の質に関する調査」において，生活全体の満足度（0〜10 点）と家計と資産に関する満足度（0〜10 点）の関係を散布図にまとめたものですが，点が重なりまったく内容が理解できません。

　この問題を改善するには，各点にどの程度データが集中しているかの情報をグラフに加えるとよいでしょう。例えば，図 5.15 のようにデータの重なり具合を色調（濃度）で表現する方法がすでに提案されています[5]。図 5.15 を見ると，横軸のデータが増加すると縦軸のデータも増加する傾向があることが理解できます。散布図から情報が読み取れないという問題は，連続量のデータ同士でもデータ量が多いと生じます。その際も，この問題と同じように，どの部分

---

[5]　図 5.15 は R のパッケージの ggplot2 で作成しています。

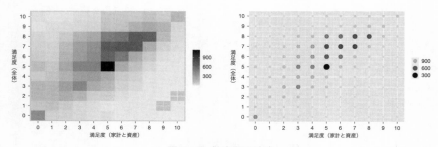

図 5.15　散布図の改良

にデータが集中しているのかをグラフで表現することで回避することができます。

●── グラフに別な情報を付加する

データをグラフにし，手許にあるデータの情報をグラフを用いて伝える際，棒グラフや折れ線グラフに別の情報を付加することで，分析者の意図を早く正しく伝えることができます。図 5.16 は図 5.12 でも用いた内閣府の調査における全体の満足度の各選択肢に対する回答の結果を相対頻度（比率）で表したものです。この結果を見ると 5 点以上の回答者が多く，満足感の高い人の比率が高いことが理解できます。

このグラフに，累積人数の折れ線グラフを追加したのが，図 5.16 の右のグラフになります（グラフ中の点線は，累積人数の比率が 50% を示しています）。このグラフからは，左のグラフから読み取るよりも容易に，「選択肢 6 で累積人数の比率が 50% を超過する」「選択肢 8 以降は，回答人数が頭打ちになる」などの内容を理解することができます。

基本となるグラフに情報を追加する事例は，他にもあります。先ほど，箱ヒゲ図の課題を指摘し，その課題を克服するようなヴァイオリン・プロットというグラフがあると説明しました。同じようなことは，図 5.17 の右図にあるように，箱ヒゲ図にデータの分布を点として重ねることでも表現することができます。

先の項で示した工夫は，すでにあるデータを別の形で表現するものです。累積人数の比率は，棒グラフのそれぞれの値を足し上げたものでしかありませ

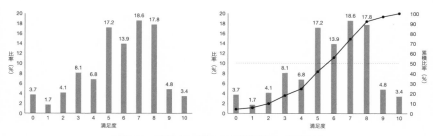

図 5.16　満足度に関する各選択肢の相対頻度

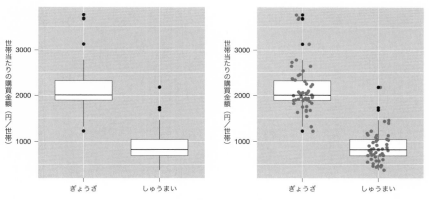

図 5.17　箱ヒゲ図の改良

ん。時には，グラフに別の情報を付加することで，そのグラフで表現されている内容をより深く理解できるようになることがあります。例えば，図 5.18 は都市別のしゅうまいの世帯当たりの購買金額を示したものですが，左のグラフからは，都市によって金額に差があることしか理解できません。そこで，左のグラフに平均値を示す線（黒い実線）を加えたのが，右上のグラフです。このグラフから，平均よりも多い都市，少ない都市は同じ程度であることが理解できます。図 5.18 の右下のグラフは，±1 標準偏差の値を示す線（破線）を加えたものです。この結果より，しゅうまいの世帯当たりの購買金額は，平均よりも上振れしている都市が多いことが理解できます。

このように，グラフに何らかの線を引くことは，珍しいことではありません。工場などの製造現場で利用されている，管理図という時系列チャートにお

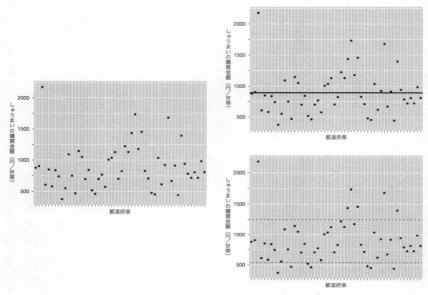

図 5.18 都市別のしゅうまいの世帯当たりの購買金額

いても管理限界線という線が引かれています。

　別な情報を加えるという例として，回帰分析などの統計モデルを，モデル作成のもととなった図に加えることがあります。図 5.19 はしゅうまいとぎょうざの世帯当たりの購買金額の関係を散布図（図 5.19 左）と散布図に回帰直線ならびに回帰直線の信頼区間を加えたものです（図 5.19 右）。回帰直線は，「ぎょうざの購買金額 ＝ 定数項 ＋ 係数 × しゅうまいの購買金額 ＋ 誤差」となり，しゅうまいの金額とぎょうざの購買金額の関係を表したものではありますが，この図 5.19 の右を見ると，回帰直線よりも遠いところ（95％ の信頼区間より離れたところ）に点（データ）が多数あり，ぎょうざの購買金額の変動をしゅうまいの購買金額の変動で表現することが，あまり適切でないことが読み取れます。

　データを可視化する方法には，この章で取り上げた以外にも，さまざまな手法が提案されています。なぜ，たくさんの手法が提案されているかといえば，データの可視化手法には，コミュニケーションの道具としての側面もあるからです（Kirk 2019）。ビッグ・データの時代となり，複雑なデータを分析する機

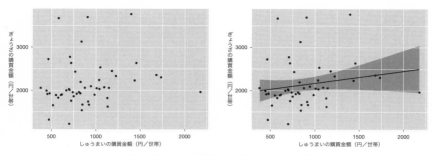

図 5.19　散布図に回帰直線を加えた例

会が増えましたが，同時にそのようなデータを分析した結果を説明する機会も
増えたということです。そのため，さまざまな状況に合わせて，データを可視
化する方法が発展してきてきました。ただし，データの可視化はデータの一部
に注目して表現する手法にすぎません。そのため，この後の章で説明する手法
を用いて，データを分析する必要があります。また，コミュニケーションに重
きを置き，正確性を犠牲にしたり，誤解を与えるようなグラフを作成するとい
う行為は厳に慎むべきです。

コラム⑤　シンプソンのパラドックス

　シンプソンのパラドックスとは，1951 年に E. H. シンプソンによって指摘され
た不思議な現象です。2 つの変数間にある関係性があるように見えても，層別して
みるとこれと矛盾する関係性が現れることがあるので，注意が必要です。表 5.5 で
は，2 つの大学で「Python の経験者／未経験者の学生数」をカウントしたことを
想定して例を示しています（数字はわかりやすい形で作ってあります）。

表 5.5　2 × 2 分割表（学生全体）

	A 大学	B 大学	計
Python の経験あり	2,400	2,000	4,400
Python の経験なし	7,600	8,000	15,600
計	10,000	10,000	20,000

　この表を見ると，A 大学の「Python の経験ありの学生」の割合は

表 5.6　2 × 2 分割表（理工学部の学生）

	A 大学	B 大学	計
Python の経験あり	2,300	1,300	3,600
Python の経験なし	6,200	3,200	9,400
計	8,500	4,500	13,000

表 5.7　2 × 2 分割表（人文社会学部の学生）

	A 大学	B 大学	計
Python の経験あり	100	700	800
Python の経験なし	1,400	4,800	6,200
計	1,500	5,500	7,000

2400/10000 ＝ 0.24（24.0％）で，B 大学の「Python の経験ありの学生」の割合は 2000/10000 ＝ 0.20（20.0％）となりますので，A 大学のほうが「Python の経験ありの学生」の割合が 4％ ほど高いことになります。この結果を見て，「A 大学のほうが，B 大学よりも Python 経験有りの学生は多い」と結論づけることは妥当でしょうか。この分析の結果が，A 大学と B 大学の全体傾向を比較しているだけであるのならば，このような結論自体は間違いとはいえません。ところが，この結果から「（B 大学よりも）A 大学に入ると Python を経験する可能性が上がる」という因果関係として捉えようとしたらどうでしょうか。

次に，表 5.4 を理工学部の学生と人文社会学部の学生に層別して，別々に集計してみたところ，表 5.6，表 5.7 のようになったとします。

各セルに含まれる理工学部の学生の数と人文社会学部の学生の数を合わせると，先ほどの大学全体の表になっていることがわかるでしょう。さて，この結果から，理工学部の学生と人文社会学部の学生別に「Python の経験ありの学生の割合」を計算し直してみると，以下のようになります。

理工学部の学生

　A 大学：2300 / 8500 ＝ 0.271（27.1％）

　B 大学：1300 / 4500 ＝ 0.289（**28.9％**）

人文社会学部の学生

　A 大学：100 / 1500 ＝ 0.067（6.7％）

B 大学：700 / 5500 ＝ 0.127（**12.7%**）

　すなわち，理工学部の学生と人文社会学部の学生に層別して別々に計算してみると，いずれも B 大学のほうが「Python の経験ありの学生の割合」が高くなってしまうのです。この結果を見ても，「（B 大学よりも）A 大学に入ると Python を経験する可能性が上がる」などといえるでしょうか？

　上の例からすれば，学生が理工学部学生であっても，人文社会学部の学生であっても，B 大学のほうが「Python の経験ありの学生の割合」は高くなっていることから，少なくとも「A 大学に入るほうが Python 経験の可能性が高まる」といった因果効果は否定されそうです。この結果は，そもそも A 大学と B 大学で「理工学部学生と人文社会学部の学生の比率が異なっている」ことと，「理工学部の学生の Python 経験率と人文社会学部の学生の Python 経験率に大きな差がある」ということが同時に起こっているための逆転現象になります。

　この例で示したような層別によって結果の矛盾が生じる現象を「シンプソンのパラドックス」といいます。層別の重要性を端的に表している現象です。上の例では「大学別の Python 経験率」という仮想の例で説明しましたが，因果関係の評価が極めて重要な応用例は世の中にたくさんあります。例えば，次のような例です。

- 治療 A と治療 B のどちらの治療効果のほうが高いか
- 教育法 A と教育法 B では，どちらの教育効果のほうが高いか
- 広告 A と広告 B では，どちらのほうが売上向上に寄与するか
- 練習法 A と練習法 B では，どちらのほうがタイムは改善するか

　読者の皆さんの中には「ランダムに A と B に振り分けて，データをとってみればよいではないか？」と思われる方もいるでしょう。それはその通りです。しかし，先の大学の学生数の例のように，そのようなランダムに振り分けた実験の結果としてデータを得ることが難しいケースは非常にたくさんあります。ランダムに高校生を選んで A 大学と B 大学に振り分け，実際に進学してもらったうえで結果を観測するわけにはいかないからです。データ分析の際は，このような背後関係には注意が必要です。

✎ 課　題

① 棒グラフとヒストグラムの違いを説明してみましょう。

② ヒストグラムを描いた際にチェックすべきポイントについて説明してみましょう。

③ 層別が必要な理由を説明してみましょう。

④　シンプソンのパラドックスとは何か，説明してみましょう。

⑤　棒グラフと折れ線グラフはどのように使い分けられるべきかについて説明してみ
　ましょう。

参考文献

Jackman, R. W.（1980）The Impact of Outliers on Income Inequality, *American Sociological Review*, 45（2），344-347.

Kirk, A.（2019）*Data Visualization*, 2nd ed., SAGE.

Tukey, J. W.（1977）*Exploratory Data Analysis*, Pearson.

第6章

データ分析の手法

本章では，さまざまな分析目的に合わせて実際にデータを分析するための手法についての概要を学びます。データ分析手法をきちんと理解するためには，実際にデータを分析して色々と試行錯誤を重ねながら分析を身に付けていくことが必要になるでしょう。ここでは，その手前の段階として，各手法の詳細に踏み込むというよりは，それらの特徴や適用場面について明確なイメージを持つことを目標とします。

1 データ分析手順と分析の目的

●── データ分析の分析手順

データサイエンスでは確かにデータにフォーカスが当たってはいますが，特に最初のうちは「目の前にデータがあるから，とりあえず分析してみる」というスタンスは避けたほうが賢明です。データ分析そのものは目的とはなりえませんので，「何のために分析をするのか」を明確に設定したうえで，その目的を達成するために最も合理的なデータ取得とデータ分析の手段を選定する必要があります。情報技術が発展する以前は，データを取得するためのコストが相対的に高かったため，調査目的や分析方法を設定してから，それに合致したデータを収集していました。そのため，分析に利用できるサンプルデータのサイズ（データ数）は現在よりも相対的に小さいものでしたが，分析目的とデータは必然的に整合するように分析が設計されていました。

これに対し，近年の高度情報化社会においては，あらゆる人間の諸活動に情報技術が活用されているため，非常に大量で多様なビッグ・データが記録として残るという現実があります。このようなデータは分析のために記録されたデ

図 **6.1**　高度情報化社会とデータサイエンス

ータではなく，さまざまな人間の諸活動の記録（ログ）という形で残されたデータです。そのようなデータが膨大に蓄積されるようになり，情報処理能力とデータサイズの飛躍的な向上によって，画像データや音声データの分析精度も飛躍的に高まりました。データサイエンスは，このような大量に取得することが可能になった多様なデータを前提として発展したといっても過言ではありません。そのため，このような「大量に蓄積されたデータは貴重な経営資源である」という認識が広がり，いつしか「蓄積されたビッグ・データを分析すること」自体が目的化してしまうこともしばしば起こっています。

　しかしながら，データサイエンスを正しく利用するとともに，さまざまな経営上の意思決定や施策に役立てるためには，適切な分析目的の設定とそのために必要なデータを，必要な手順と手法で分析することが重要となります。一般には，ビジネス上の成果は，それを適切に評価できる基準によって評価されるべきであり，データ分析の前に適切な評価基準を設定するべきでしょう。例えば，ビジネスの成果として得られる「利益」の場合もありますし，そのための「新規契約数」や「売上高」である場合もあります。これらの評価基準を表す変数は，しばしばアウトカム（目的変数）と呼ばれます。実ビジネスにおけるデータ分析では，あらかじめ設定された評価指標（アウトカム）によって，施策の優劣を評価することが一般的です。

　目の前に積み上がっている大量のデータをグラフ化したり，基本的な統計量を計算することによって，何らかの新しい発見が得られることもありますが，ビジネス上の効果を直接的に評価するためには，明確なアウトカムを設定して，その改善のための施策を検討することが効果的です。そのような考えに基

づけば，過去のデータを活用して高度な分析モデルを用いる場合には，次のような手順に従うべきでしょう。

1. 定量分析の目的と望ましい分析の結果（アウトカム）を明確にする。
2. 分析に必要となるデータを明確にし，生データを取得する。
3. 異常値や外れ値の有無を確認し，データ分析のためのデータクリーニングを行う。
4. 適切な分析モデルを適用し，分析結果の正しさをさまざまな角度から検証する。
5. 得られた結果について検討と考察を行い，実務で有効となりうる仮説を結論としてまとめる。
6. 必要に応じて，A/B テストと統計的仮説検定を行い，得られた仮説の因果関係の正しさを検証する。

　一般に，取得した生データにはさまざまなノイズや分析から除かれるべきデータが混入していることが多いため，データクリーニング（データクレンジングと呼ばれることもあります）のステップで，さまざまなビジネス上の専門的知見を総動員して，データの質を高め，整形する必要があります。また，一般に多変量のデータを分析して得られる知見は仮説ですので，実際に施策を行った際の効果については，さらに検証実験を行って，施策とアウトカムの因果関係を検証することが望ましいでしょう。

●── データ分析目的設定と分析手法選定の観点

　「データ分析の目的を正しく設定する」というと，一見，簡単なように聞こえますが，このようなことがきちんと明確になっていないことも多く見られます。実際の現場では，あまり目的を明確に意識せずにデータを集計したり，データ分析手法を適用してみること自体に達成感を感じてしまっているケースも多々あるのです。しかし，目的を明確にしていない場合，往々にして「活用ができない結果」に終わってしまいます。これは，「データを集計すること」や「先進的な機械学習モデルを適用すること」といった手段が目的化してしまい，

表 6.1　データ分析の目的の類型化

分析目的	内　容
可視化	現状について理解を深めるために，人間が理解しやすい形でデータを表現したり，イメージ化する。
仮説検証	有効と考えられている施策が，本当に効果があるか否かを客観的に判定し，その効果を定量的に評価する。
要因分析	何らかの評価基準（アウトカム）を改善するため，その評価基準に影響を与える重要な要因を特定する。
予測	将来起こる事象や変数の値を事前に予測することで，事前の施策や意思決定に結びつける。
構造分析	多くの観測変数の背後に存在する本質的な構造を推定する。
クラスタリング	データ全体を類型化し，類似の特徴を持ったデータ集合（クラスタ）に仕分けして整理するとともに，それらのクラスタの数や大きさを知る。
自動化	過去のデータを分析することで，新たな対象に対する施策を自動化するモデルを構築する。
異常値・外れ値検出	対象とするシステムの挙動や個々のデータが定常状態から外れている場合に，これを検出してアラートを出す。

その結果がどのように施策立案や意思決定に使われるのかを考慮せずに作業が進められてしまうためです。データ分析の目的としては，例えば，

- ターゲットとすべき顧客層を特定し，適切な施策を立案したい。
- オンラインショッピングサイトの商品提示方法やデザインを見直し，より魅力的なサイトにしたい。
- 職場チームのコミュニケーションの問題点を把握し，より円滑なチームを作りたい。

など，具体的な目的を設定し，データ分析を行うチームで共有することが重要になります。また，データ分析の目的を明確にすると，分析方法に直結する本質的な類型として，表 6.1 に示すタイプのいずれかに当てはまることがほとんどと考えられます。

　これらの分析目的が定まれば，そのために必要な分析モデルとデータについては，その目的に合わせて適切なアプローチを設計することが可能になります。

●── 可視化のためのデータ分析

　企業活動において，日々の状況や成果を「見える化」することには大きな効果があります。可視化によって人が直感的に現状を素早く理解することができれば，行動に移すための意思決定の迅速化に結びつくでしょう。新たなビジネスのヒントや改善の施策に気づくきっかけとなる場合もあります。また，成果や重要な業績評価指標などが「見える化」されることで，従業員のモチベーションや改善意欲につながるなどの効果もあります。

●── 仮説検証のためのデータ分析

　企業活動では，さまざまな経験を通じて，効果的と考えられる施策のアイデアがすでにあふれていることもあります。例えば，「ある小売店のポイントカードへの入会を促進するために，ある種のイベント施策が効果的ではないか」といった仮説があるとしましょう。このような仮説は，社員の経験的知見によって定性的には効果があると考えられているとしても，「その効果は，どの程度あるのか」「費用対効果の面で合理性があるのか」といったことは調べられていないことが多々あります。このような仮説の正しさがデータを用いて定量的に明らかにできれば，その後の施策実施の正当性が保証されることになります。

●── 要因分析のためのデータ分析

　ビジネスでは，KPI（Key Performance Indicator）と呼ばれる重要業績評価指標やKGI（Key Goal Indicator）と呼ばれる重要目標達成指標，例えば売上金額，売上数量，コンバージョンレート（成果に結びついた割合）など，ビジネスの成功に直結する評価指標を設定できることがあります。このような評価指標を改善することは，ビジネス上も大きな意味を持ちます。これらの評価指標をアウトカムとし，これに影響を与える重要な要因を特定できれば，評価指標

の改善に直結する施策立案に結びつくと期待できます。

　通常，アウトカムを意味する変数は「目的変数」と呼ばれ，これに影響を与える変数は「説明変数」と呼ばれます。一般に，「説明変数」の候補として多くの変数が考えられ，これらの中から「目的変数」に強い影響を持つ重要な「説明変数」を特定する問題となります。なお，文献によっては，「目的変数」は「従属変数」，「説明変数」は「独立変数」と呼んでいる場合がありますので注意してください。また，先に述べた KPI に関する変数は，目的変数にも，説明変数にもなりますが，KGI に関する変数は目的変数として用いられることが多いでしょう。これは，KGI は目的（＝目標）に関する指標であるためです。

●── 予測のためのデータ分析

　未来の状況が精度よく予測できれば，その未来の状況に合わせて合理的な意思決定を行うことができます。例えば，小売店において「各商品がどのくらい売れるのか」を事前に予測できれば，そのための在庫管理や発注の最適化に結びつけることが可能です。あるいは，自社の製品を利用している顧客が他社の製品に乗り換えそうであることを予測できれば，この流出を防ぐための施策を先んじて打つことができます。このようにビジネスの世界では，未来の状況が予測可能であれば，それに合わせてさまざまな施策を検討することが可能であるため，過去のデータを最大限に活用した予測モデルの構築は重要な目的の 1 つとなっています。

●── 構造分析のためのデータ分析

　多数の変数の観測値の背後に存在する本質的な構造を理解することも，データ分析の目的となりえます。例えば，顧客の製品に対する嗜好の背後に存在する本質を理解するために，顧客に対して「価値観」や「ライフスタイル」に関するアンケートを実施することがあります。その目的は，顧客の購買行動の背後に存在する本質的な構造を理解することです。このように，観測されたデータの背後に存在する潜在的な因子や特徴を分析することもデータ分析の目的の 1 つとなっています。

●—— クラスタリングのためのデータ分析

　個々のデータを「似た者同士」でグルーピングする問題は，伝統的な統計学でもクラスタ分析として扱われてきました。このようなデータのクラスタリングは，質の異なるグループが混在しているような対象問題において威力を発揮します。例えば「自社の顧客を，嗜好の類似性によっていくつかのグループに分け，個々の施策のターゲットを明確にする」といった課題は，クラスタリングの問題とみなすことができます。自社の顧客を，嗜好の類似性によっていくつかのグループに分けることができれば，グループごとに適切な施策を検討することが可能となります。

●—— 自動化のためのデータ分析

　最近では，インターネット上のユーザや顧客の行動履歴を自動的に分析し，マーケティング施策を自動的に打つアドテクノロジーと呼ばれる技術が広く活用されています。これは，インターネット上の広告の提示方法や配信方法を最適化することで，広告の収益最大化を図る技術の総称です。このようなアドテクノロジーには，顧客の行動履歴データが活用され，統計モデルを駆使した技術が広く応用されています。個々のユーザの購買履歴や閲覧履歴を分析し，自動的に推薦するアイテムリストを生成して提示する「推薦システム」もこの一種と考えることができます。このようなインターネット上のサイトで，自動的に行われるアイテム推薦や広告提示では，さまざまな機械学習の手法も駆使されています。

●—— 異常値・外れ値検出のためのデータ分析

　対象とするプロセスを監視するシステムでは，自動的に異常状態を検出し，アラートを出すことは重要な課題の1つとなります。このような異常検出の適用範囲は意外に広く，さまざまな応用が考えられます。例えば，「店内の監視カメラの映像データから不審な行動をする客を特定する」「ユーザが利用しているIoT製品の利用状況から製品の不具合を検出する」「クレジットカードユーザの利用履歴データから利用が異常なユーザを特定することで不正利用を検出する」など，さまざまな問題を異常検出の問題とみなすことができます。

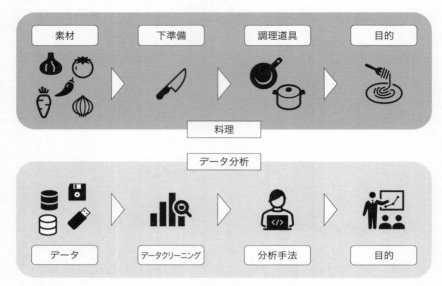

図 6.2　データ分析と料理のアナロジー

2　データ分析手法の体系

●── データ分析手法の習得方法

　データ分析手法は，料理の世界でいえば，さまざまな調理道具のようなものといえます。作りたい料理（目的）のためには，最良の素材（データ）を揃えて下ごしらえ（データクリーニング）したうえで，最適な調理道具（データ分析手法）を駆使して，あらかじめ効率的に考えられた段取り（手順）に従って料理する必要があります。

　このような理解をすると，データ分析手法はいわば「道具」であることが理解できるでしょう。データサイエンスをこれから勉強しようという初心者にとっては，とてもたくさんのデータ分析手法があり，それらすべてを習得し，適切に使いこなすことは不可能に近いと感じるかもしれません。しかし，もし最初から多様な包丁を使いこなすことが難しければ，とりあえず，素材のカットにはすべて万能包丁を使って，まずは料理を作ってみるところから始めればよいでしょう。いきなりすべての道具を適切に使いこなすことはできませんの

で，徐々に利用する道具を増やしていくスタンスが肝要といえます。

●── データ分析手法の類型

データ分析手法は，データを料理するためのツールであるため，「プロの料理人の調理道具」のように，すなわち，これらの道具を使う人が使いやすいように整理整頓された形で道具箱に収められている必要があります。このように，利用可能なツールが整理整頓されていない場合，その都度，対象とする問題に対して適切なツールを選択することが困難になってしまいます。

そのため，データ分析の手法は，何らかの方法で整理整頓された形で道具箱にしまってあるようなイメージで頭の中に入れておき，準備しておくことが肝要でしょう。そのためには，それぞれのデータ分析手法の詳細を単体で理解するのではなく，他の手法との差異や適用場面の違いを意識して，特徴をつかんでおくことが必要になります。すでに，データのまとめ方や可視化のための手法は紹介しましたので，ここでは複数の変数が観測されている場合の多変量解析について，まずは全体的な観点から，各手法の特徴を押さえておきます。

まず，データ分析の目的において，明確な外的基準，もしくはアウトカムが定まっている場合を考えてみましょう。例えば，小売店舗における「売上」「来店客数」「購入率」「利益」「顧客単価」のように，ビジネスの成果に直結するような変数がアウトカムとして設定できるとき，この変数の改善や予測がデータ分析の目的となります。このような場合，この変数は先に述べたように，「目的変数」，もしくは「従属変数」と呼ばれます。データ分析手法を頭の中で整理するためには，表 6.2 に示すように「外的基準（目的変数）がある場合」と「外的基準（目的変数）がない場合」に分けて考えるとよいでしょう。おのずとそれらの区分によって，データ分析の目的も異なってくることになります。

表 6.2 に示した分析手法の整理の観点の表の中には，具体的な分析手法はまだ入っていません。この章の後半では，具体的な個々の分析手法について説明をしますが，実際には，これらの手法は使いながら体得していく必要があります。ここでは，まずはその全体像をイメージとして理解し，個々の分析手法の詳細については実際に利用する際に体験を通じて習得していくスタンスでよい

表 6.2　データ分析手法の整理の観点

データの分類		分析目的
外的基準 (目的変数) あり	外的基準が量的変数： 回帰問題	・予測：目的変数の予測 ・要因分析：介入効果の分析，目的変数の制御・改善 ・構造分析
	外的基準が質的変数： 分類問題	・予測：カテゴリへの分類 ・要因分析：介入効果の分析，目的変数の制御・改善 ・構造分析
外的基準（目的変数）なし		・自動化：生成モデルの構築 ・構造分析：次元縮約，特徴抽出 ・クラスタリング ・異常値・外れ値検出

でしょう。最終的には，どのようなデータに対しても，常に 1 つの分析手法をツールとして用いるのではなく，データの特性に合わせてツールである分析手法もうまく使い分ける必要があります。その使い分けを適切に行うためには，分析手法をある種のツールボックスという箱に整理してしまっておくようなイメージで頭の中で整理しておく必要があります。そのためのツールボックスの仕切り板が表 6.2 に示した場合分けになります。

　さて，表 6.2 に示した外的基準（目的変数）がある場合の分析手法の全体像について，図 6.3 に示します。

　図 6.3 に示したように，伝統的な多変量解析である重回帰分析や判別分析は，かなり以前から活用されてきました。これらの伝統的な多変量解析手法のほとんどは，基本的には多変量正規分布を暗に想定した線形モデルとなっています。これに対し，コンピュータの計算パワーの飛躍的向上を背景に，モデルのパラメータ推定に膨大な計算量を必要とするアルゴリズムの実装が可能となりました。これにより，線形モデルを拡張した一般化線形モデルや階層ベイズモデル，混合回帰モデルを活用することができるようになりました。一方，人工知能（AI）や機械学習と呼ばれる分野では，決定木や回帰木，ニューラルネットワーク，サポートベクトルマシンといったモデルが基本的な手法とし

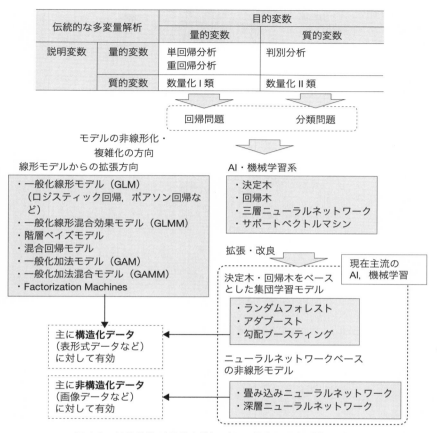

図 6.3 外的基準（目的変数）がある場合の分析手法の体系

て知られていました。近年では，これらの AI 技術は高度に発展し，非常に多くの説明変数を持ち，かつ目的変数と複雑な非線形構造を有する問題に対しても，学習データから非常に優れたモデル推定を行い，精度の高い予測を可能とするモデルがいくつも開発されています。この発展の方向性としては，主として 2 つの方向に高度に発展した手法群を頭に入れておけばよいでしょう。1つは，性能の低い統計モデルをたくさん構築し，これらを統合して用いることで，全体として良い性能を示すような方法で，「集団学習モデル」と呼ばれています。その代表はランダムフォレストでしたが，現在では勾配ブースティン

基本的な要約・クラスタリング手法

分析目的 変数	要約	クラスタリング
量的変数	・主成分分析 ・因子分析 ・非負値行列分解	・階層クラスタ分析 ・非階層クラスタリング（k-means 法） ・潜在クラスモデル，混合正規モデル 　（Gaussian Mixture Model）
質的変数	・コレスポンデンス分析 ・数量化 III 類	・トピックモデル 　（PLSI，LDA など）

モデルの非線形化・
複雑化の方向

深層学習系
・自己符号化器（Autoencoder）
・VAE（Variational Autoencoder）

Embedding（埋め込み表現モデル）
・Word2vec, Item2vec
・Document2vec
・t-SNE（t-distributed Stochastic Neighbor Embedding）

図 6.4　外的基準（目的変数）がない場合の分析手法の体系

グと呼ばれる手法が有名で，特に表形式に構造化されたデータに対しては圧倒的な性能を発揮しています。もう 1 つは，近年の AI ブームの火付け役となった深層学習（ディープラーニング）モデルで，こちらは画像データなどの非構造化データに対して，従来手法を遥かに凌駕する性能を発揮しています。これらの手法は，対象とするデータの特徴を見極め，適切に使い分ける必要があるのです。なお，最近では，これらとは多少系統の異なるモデルとして，ガウス過程回帰と呼ばれる手法も注目されていますが，この手法は入門レベルとしては高度過ぎることに加え，現在のところはビジネスデータの分析手法としては発展途上であるため，本書では扱いません。ただし，ベイズ最適化と呼ばれる統計的実験計画の基礎を与える手法として，今後さらに重要性が増す可能性があります。

　次に，表 6.2 に示した外的基準（目的変数）がない場合の分析手法の全体像について，図 6.4 に示します。図 6.4 に示したように，外的基準（目的変数）が

ない場合の分析は，主に要約やクラスタリングを目的とした分析になります。これらの基本的な分析手法としては，対象が量的変数であるのか，質的変数であるのかによって使われる分析手法が異なります。これらについては，図6.4の上の表のように整理できます。

一方，近年発展したAI技術は，要約やクラスタリングを目的とした分析に対しても，非線形で複雑なデータを要約したり，クラスタリングしたりできる技術を提供しました。1つの技術としては，深層学習モデルを直接的に活用したモデルで，自己符号化器（オートエンコーダ）やその発展形であるVAE（Variational Autoencoder）が知られています。もう1つは，学習データから，分析対象の個々の要素を多次元空間の点として表現するEmbedding（埋め込み表現）モデルです。このモデルは，分析対象のデータを多次元空間上に点として埋め込むことで，この埋め込み空間上でデータ間の関係性を表現するように学習します。また，埋め込み空間上で各点の位置を決めるためには，ニューラルネットワークなどが用いられますが，その後もさまざまな手法や発展形のモデルが研究されています。これらの手法群の位置づけや関係性も，今後の分析手法の発展によって変化していくかもしれませんが，現在発展形の分析手法群として理解しておくとよいでしょう。

以下の節では，個々の分析手法について概略を説明しますので，まずはイメージをつけることに注力してください。分析手法の詳細については，実際に個々の分析手法を使いこなしながら習熟していく心構えが重要です。

3 分類のための分析手法

●── 分類モデルの種類

分類問題とは，分類対象物について観測された d 個の特徴量をまとめた d 次元の特徴ベクトル $\boldsymbol{x} = (x_1, x_2, \ldots, x_d)$ を入力とし，このデータが属するカテゴリを，カテゴリ集合 $\{c_1, c_2, \ldots, c_M\}$ の中から推定する問題のことです。ここでいう特徴量とは，従来の多変量解析では説明変数と呼ばれるべき変数なのですが，人工知能や機械学習の分野では，説明変数に相当する変数が必ずしも物理的な意味を持つ変数とは限らないことから，特徴量と呼ばれること

がほとんどです。本章においても，この特徴量や特徴ベクトルという言葉を用いて説明します。

　また，ここで述べた分類と同じ意味で，判別や識別という言葉も使われることが多くあります。パターン認識や機械学習の分野では，画像データに対して「何の画像であるか」を推定して，カテゴリを付与する画像分類の問題が代表的です。このような問題は，他にも以下のような例が考えられます。

- 顧客の購買履歴データから，この顧客が将来的に「優良顧客」に育つか否かを判別する問題
- あるユーザの閲覧履歴データから，このユーザが最終的に何らかのアイテムを購入するか否かを判別する問題
- 送られてきた電子メールが，スパムメールであるか，通常の必要なメールであるかを分類する問題

　これらの問題の特徴は，d 次元の特徴ベクトル $\boldsymbol{x} = (x_1, x_2, \ldots, x_d)$ に対し，離散のカテゴリラベルが付与されていることにあります。いま，簡単のため，二値のカテゴリラベル y を考え，$y = 1$，もしくは $y = 0$ のどちらかであるものとします（カテゴリ集合が二値の場合，$\{c_1, c_2\}$ という記法よりは $\{0, 1\}$ と記述する書籍が多いため，このような表記を使います。これは二値の質的変数を 0, 1 のダミー変数で表現していることを意味します。なお，AI や機械学習の分野では $\{0, 1\}$ に代えて，$\{-1, +1\}$ を用いる場合があります。本書でもサポートベクトルマシンの定式化などでは，機械学習の分野の慣例に従って $\{-1, +1\}$ のほうの表現を使います[1]）。このような 2 つのカテゴリへの分類問題を二値分類といいます。ここでの問題では，d 次元の特徴ベクトル $\boldsymbol{x} = (x_1, x_2, \ldots, x_d)$ から，$y = 1$ であるのか，

1　統計学やマーケティングの分野では，例えばロジスティック回帰分析などを用いる際に伝統的に $\{0, 1\}$ が使われることが多いようです。一方，機械学習では，$\{-1, +1\}$ が使われることも多くあります。これは，識別関数 $f(\boldsymbol{x})$ の正負によって，カテゴリの予測値 $\hat{y}$ を，$f(\boldsymbol{x}) > 0$ のとき $\hat{y} = +1$，$f(\boldsymbol{x}) < 0$ のとき $\hat{y} = -1$ と予測することにすれば，予測が正しければ $f(\boldsymbol{x})\hat{y} > 0$ という関係が成り立つためです。すなわち，学習データに対して $\sum_{i=1}^{n} f(\boldsymbol{x_i})\hat{y}_i$ が大きくなるように識別関数 $f(\boldsymbol{x})$ を学習すればよいことがわかります。

$y = 0$ であるのかを判別することにあります。そのためのアプローチとして
は，大きく 2 つの方法が考えられます。1 つ目は，各カテゴリ $y = 1$ と $y = 0$
に対して，それらのカテゴリのもとで特徴ベクトル $\boldsymbol{x} = (x_1, x_2, \ldots, x_d)$ の
確率分布 $P(\boldsymbol{x} \,|\, y)$ を推定して，これを判別に用いる方法です。これは特徴ベ
クトル $\boldsymbol{x} = (x_1, x_2, \ldots, x_d)$ を生成する確率モデルを表しているので，生成
モデルと呼ばれています。例えば，d 次元正規分布によって $P(\boldsymbol{x} \,|\, y)$ を精度
よく推定できる場合，ベイズの定理，

$$P(y \,|\, \boldsymbol{x}) = \frac{P(\boldsymbol{x} \,|\, y)P(y)}{P(\boldsymbol{x})}$$

によって，特徴ベクトル $\boldsymbol{x}$ が与えられたもとでの各カテゴリ y への帰属確率
が計算できますので，この確率の大きさによってカテゴリ y を推定すること
ができます。なお，上記のベイズの公式とは，ある事象 A と B に対して定義
されている条件付確率 $P(A \,|\, B)$ と条件部を入れ替えた $P(B \,|\, A)$ との関係性
を表す公式です。具体的には，同時確率 $P(AB)$ が，

$$P(AB) = P(A \,|\, B)P(B) = P(B \,|\, A)P(A)$$

のように展開できることから導かれる $P(A \,|\, B) = P(B \,|\, A)P(A)/P(B)$ と
いう公式です。

　一方，特徴ベクトル $\boldsymbol{x} = (x_1, x_2, \ldots, x_d)$ が与えられたもとでの，$y = 1$
となる条件付確率 $P(y \,|\, \boldsymbol{x})$ を直接推定する方法も考えられます。

$$\hat{P}(y = 1 \,|\, \boldsymbol{x}) = f(\boldsymbol{x})$$

　この推定確率が 0.5 よりも大きければ $y = 1$ と判別し，0.5 以下であれば
$y = 0$ と判別することが合理的といえるでしょう。このタイプのモデルは，識
別モデルと呼ばれます。

　識別モデルは確率モデルとして解釈可能なモデルだけでなく，代数的な方法
で特徴ベクトル $\boldsymbol{x} = (x_1, x_2, \ldots, x_d)$ からカテゴリ y を判別する方法も考え
られます。代表的な方法は，$f(\boldsymbol{x}) = 0$ を，識別境界を表す特徴空間上の関数
とみなし，

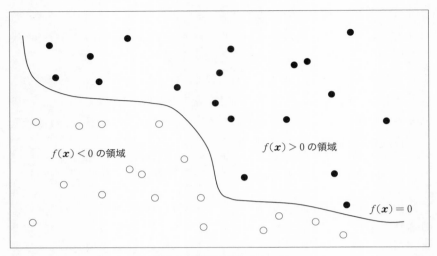

図 **6.5**　識別境界のイメージ

$$
y = \left\{
\begin{array}{ll}
1, & f(\boldsymbol{x}) \geq 0 \text{ のとき} \\
0, & f(\boldsymbol{x}) < 0 \text{ のとき}
\end{array}
\right.
$$

のように判別する方法です（図 6.5）。

　いずれの方法においても，$f(\boldsymbol{x})$ という関数系をどのように推定するかがポイントとなります。このような関数 $f(\boldsymbol{x})$ は識別関数と呼ばれます。もし，分類するカテゴリが $c_1, c_2, \ldots, c_M$ と M 種類ある場合には，$f_1(\boldsymbol{x}), f_2(\boldsymbol{x}), \ldots, f_M(\boldsymbol{x})$ と M 種類の識別関数を用意して，推定するカテゴリをこれらの最大値で推定する方法がよく使われます。式で書くと，カテゴリの推定式は次のようになります。

$$
\hat{c} = \arg\max_{c_k} f_k(\boldsymbol{x})
$$

　ただし，$\arg\max_{c_k}$ という記号は，$f_k(\boldsymbol{x})$ の最大値をとる c_k を求める演算を意味します（$k = 1, 2, \ldots, M$）。この方法は識別関数法と呼ばれます。

　生成モデルと識別モデルは，対象問題によって適切に使い分けられる必要があります。表 6.3 に，生成モデルと識別モデルの特徴をまとめました。生成モデルは次元 d の特徴空間上に確率モデル $P(\boldsymbol{x} \mid y)$ を仮定し，学習データから

表 6.3　生成モデルと識別モデル

モデル	特徴
生成モデル	・各カテゴリに対して，特徴ベクトル $\boldsymbol{x}$ の確率分布 $P(\boldsymbol{x}\|y)$ を推定したモデル。 ・各カテゴリに属する新たなデータ $\boldsymbol{x}$ を生成することが可能。 ・確率分布 $P(\boldsymbol{x}\|y)$ の構造が比較的シンプル，もしくはカテゴリ間で出現する特徴量が大きく異なる場合には精度のよい推定が期待できる。
識別モデル	・特徴ベクトル $\boldsymbol{x}$ を入力として，カテゴリ y を推定するモデル。 ・確率モデル $P(y\|\boldsymbol{x})$ や識別関数 $f_k(\boldsymbol{x})$ が用いられる。 ・一般に，特徴ベクトル $\boldsymbol{x}$ の次元 d よりもカテゴリ数 M のほうが非常に小さいことから，非線形で複雑な識別境界をモデル化しやすい。

その分布形を推定します。一方，識別モデルは入力された特徴ベクトル $\boldsymbol{x}$ に対して，M 個のカテゴリ $c_1, c_2, \ldots, c_M$ への関数を仮定し，これを学習データから推定します。一般に，$d \gg M$ と[2]，特徴空間の次元 d に対して，カテゴリ数 M は十分小さい値であるため，複雑な識別ルールでなければ対応が難しい非線形な問題では，識別モデルが使われることがほとんどです。一方，例えば，文書データのように，カテゴリによって出現する単語がまったく異なるようなデータでは，生成モデルのほうが，構造が明確で，精度も高いモデルが得られます。生成モデルと識別モデルは，それぞれの特性をよく理解して，対象問題の特徴に合わせて適切なモデルを選択する必要があります。

　一般的には，カテゴリ数 M と特徴空間の次元 M には，$d \gg M$ という関係があることが通常であるので，$P(\boldsymbol{x}\|y)$ は高次元空間上の確率分布を推定する必要があります。そのため，生成モデルは高次元空間上の確率分布がカテゴリ y によって大きく異なるような対象問題で有用になります。具体的には，自然言語で書かれたテキストデータで生起する各単語の出現確率分布や顧客が購入する商品の購入割合の分布などが挙げられます。一方，多くの分類問題では，直接的に識別モデルを学習するほうが効果的な場合も多いので，対象問題

2　$\gg$ という記号は，極端に差がある関係を表します。例えば，$a \gg b$ は，a が b よりも非常に大きい関係にあることを示しています。

の統計的構造の複雑さと学習データの兼ね合いから，その優劣を意識して適切に使い分ける姿勢が重要です。

識別モデルの多くは，先の表 6.3 に示したように，データのカテゴリを分類するための識別関数 $f_k(\boldsymbol{x})$ を何らかの方法で推定して分類に用います。これらの識別関数は多くの場合，関数の形を決めるパラメータを用いて定義され，このパラメータをデータから推定することで適切な識別関数を得ようとします。例えば，線形識別関数であれば，特徴ベクトル $\boldsymbol{x} = (x_1, x_2, \ldots, x_d)$ に対して

$$f(\boldsymbol{x}) = \beta_0 + \beta_1 x_1 + \beta_2 x_2 + \cdots + \beta_d x_d$$

のような線形式で表されますが，$\beta_0, \beta_1, \cdots, \beta_d$ がパラメータになります。一般に，観測された学習データを用いて，分類ルールとして適切な識別ルールを推定するプロセスは，これらのパラメータをうまく推定する手続きになります。

●── ロジスティック回帰モデル

ロジスティック回帰モデルは識別モデルの一種で，分類のための手法としては最も基本的な手法の 1 つです。いま，目的変数 y が $y = 1$ と $y = 0$ の 2 値をとるものとしましょう。これは，データが帰属するグループが記録されている変数（ここでは，$y = 1$ と $y = 0$ の 2 つのグループ）で，カテゴリ変数ともいいます。ロジスティック回帰モデルでは，目的変数 y が $y = 1$ となる確率として，以下のような式を仮定します。

$$P(y = 1 \mid \boldsymbol{x}) = \frac{1}{1 + \exp\{-(\beta_0 + \beta_1 x_1 + \beta_2 x_2 + \cdots + \beta_d x_d)\}}$$

$$P(y = 0 \mid \boldsymbol{x}) = \frac{\exp\{-(\beta_0 + \beta_1 x_1 + \beta_2 x_2 + \cdots + \beta_d x_d)\}}{1 + \exp\{-(\beta_0 + \beta_1 x_1 + \beta_2 x_2 + \cdots + \beta_d x_d)\}}$$

このロジスティック回帰モデルでは，回帰係数 $\beta_0, \beta_1, \ldots, \beta_d$ がモデルの形を決めるパラメータとなっています。この回帰係数は，学習データに対する対数尤度関数を最大化する最尤法によって，学習データを最もうまく分類できるように推定することができます。最尤推定量を解析的な数式解として与える

ことはできませんが，ニュートン法などの繰り返し探索法によって，比較的容易に最尤推定量を探索することができます。現在のハイスペックなコンピュータであれば，現実的なロジスティック回帰モデルのパラメータ推定には，ほとんど時間がかからず，学習した結果であるモデルを得ることが可能です。

●── サポートベクトルマシン

サポートベクトルマシンは，もともとは二値の分類問題に対する線形分類器の構成手法として提案されました。その後，カーネル法[3]と呼ばれる手法と組み合わせることにより，高次元の二値分類問題に対して，非線形の分類器を学習することが可能となりました。対象問題によっては，ニューラルネットワークなどの非線形モデルよりも高い分類性能を示すことから，非常に有力な手法として受け入れられているモデルです。

d 次元の特徴ベクトル $\boldsymbol{x} = (x_1, x_2, \ldots, x_d)$ に対し，カテゴリ変数 y が $y = +1$ と $y = -1$ のどちらであるかを判別する二値判別問題を考え，$f(\boldsymbol{x}) = \beta_0 + \beta_1 x_1 + \beta_2 x_2 + \cdots + \beta_d x_d$ という線形の識別関数を考えてみましょう[4]。このとき，これらの識別関数を決めるパラメータ $\beta_0, \beta_1, \cdots, \beta_d$ の決め方にサポートベクトルマシンの特徴があります。サポートベクトルマシンでは，n 組の学習データ $(\boldsymbol{x}_1, y_1), (\boldsymbol{x}_2, y_2), \ldots, (\boldsymbol{x}_n, y_n)$ のうち，識別境界に一番近いデータに注目します。いま，カテゴリが $y = +1$ であるデータ集合と $y = -1$ であるデータ集合の間に，これらのカテゴリを識別する識別境界面 $\beta_0 + \beta_1 x_1 + \beta_2 x_2 + \cdots + \beta_d x_d = 0$ があるものします。この識別境界面 $f(\boldsymbol{x}) = 0$ は，$f(\boldsymbol{x}) > 0$ となる領域と $f(\boldsymbol{x}) < 0$ となる領域を二分する d 次元上の平面（通常の 3 次元空間上の平面ではなく，一般的に d 次元空間上の平面なので，超平面と呼ばれます）になりますので，$f(\boldsymbol{x}) > 0$ であれば $y = +1$，$f(\boldsymbol{x}) < 0$ であれば $y = -1$ と識別することにすれば，

---

[3]　カーネル法は，カーネル関数と呼ばれる関数を用いることで，比較的少ない計算量で複雑な識別境界を得ることを可能とする方法です。カーネルトリックと呼ばれるアプローチによって，データを高次元特徴空間に変換してから識別境界を決定するという操作を現実的な計算量で実現可能としています。

[4]　ここでは，サポートベクトルマシンの定式化に用いられる慣習に従って，カテゴリ変数は，$y = 1$ と $y = 0$ の二値ではなく，$y = +1$ と $y = -1$ の二値で定義しています。

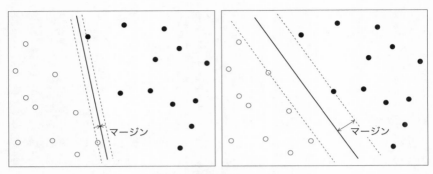

図 6.6　識別境界とマージン

この関係は $yf(\boldsymbol{x}) > 0$ が成り立っています。すなわち，n 組の学習データ $(\boldsymbol{x}_1, y_1), (\boldsymbol{x}_2, y_2), \ldots, (\boldsymbol{x}_n, y_n)$ に対して，

$$\sum_{i=1}^{n} y_i f(\boldsymbol{x}_i) > 0$$

を満たすように関数 $f(\boldsymbol{x})$ を決めれば，この関数はすべての学習データを正しく分類できていることになります。この条件を満たす識別境界 $f(\boldsymbol{x}) = 0$ から最も近い学習データまでの距離を考えます。この距離をマージンと呼びますが，このマージンの内側にはデータが存在しないことを意味します。このマージンは線形識別関数 $f(\boldsymbol{x}) = \beta_0 + \beta_1 x_1 + \beta_2 x_2 + \cdots + \beta_d x_d$ のとり方で値が変化します。図 6.6 に識別境界のとり方とマージンとの関係を図示してみましょう。この図では，黒丸が $y = +1$ を，白丸が $y = -1$ を意味するものとします。

　図 6.6 の左側はマージンが小さい例で，右側はマージンが大きい例ですが，直感的に考えてみても，マージンは大きいほうが 2 つのカテゴリの領域を適切に分割する識別境界であることが理解できるでしょう。サポートベクトルマシンは，このマージンを最大化するように，識別関数 $f(\boldsymbol{x})$ を定めるパラメータ $\beta_0, \beta_1, \ldots, \beta_d$ を決定します。このとき，マージンを最大化するような識別境界は，その識別関数を定義するいくつかの境界付近のデータによって定義されることになります。図 6.6 でいえば，破線の上に位置するデータがマージンを決定しており，これらのデータが識別関数を決めていることがわかるでし

ょう。これらのデータの位置は，特徴空間上の識別境界を決めているベクトル
といえます。すなわち，これらのデータがサポートベクトルとして識別関数を
決定しています。

　以上は，線形識別関数を用いた最も基本的なサポートベクトルマシンのイメ
ージですが，この方法は，カテゴリ $y = +1$ の領域とカテゴリ $y = -1$ の領
域に重なりがあると適用することができません。そのため，実際には，すべて
の学習データが完全に分類されているという条件を緩和したソフトマージンサ
ポートベクトルマシンが使われます。また，サポートベクトルマシンは，カー
ネル法と呼ばれる手法と組み合わせることで，さまざまな非線形の識別境界を
表現することが可能になり，多くの事例でその有効性が確認されています。

●── 決定木

　決定木モデルは，説明変数と目的変数の関係性を木（Tree）と呼ばれる構造
で表現したモデルであり，人間にとって解釈しやすいモデルであることから，
根強い人気がある統計モデルです。決定木は，d 個の特徴量 x_1, x_2, $\cdots$, x_d の
うちのいずれかの1つの特徴量の大小によって特徴空間を分割する操作を階層
的に繰り返していくモデルです。図 6.7 に決定木の例を示します。図中の丸は
ノードと呼ばれ，一番上のノードはルートノード，そこから下に向かって分岐
をしていった先の終端ノードは葉ノードと呼ばれます。葉ノードには，各カテ
ゴリのラベル，もしくは各カテゴリラベルへの所属確率や目的変数の予測値が
付与されています。特徴ベクトル $\boldsymbol{x} = (x_1, x_2, \ldots, x_d)$ が入力されると，ル
ートノードから順次，葉ノードに向かって分岐を繰り返し，葉ノードに到達す
ると，その葉ノードに付与されたカテゴリ情報に従ってデータの識別が行われ
ます。

　この例にあるように，決定木モデルは各特徴量の大小によって分岐がなされ
れ，葉ノードに付与されたルールに従って分類を行うモデルです。このモデル
は，この分岐の階層構造が人間にも理解が容易で，解釈性の高いモデルとして
広く受け入れられています。決定木の構造は，ルートノードから順番に「適切
な特徴量（変数）を1つ選び，その特徴量の大小で枝を分岐する」というアル
ゴリズムによって学習されます。これは分割指数と呼ばれる指標を用いて，学

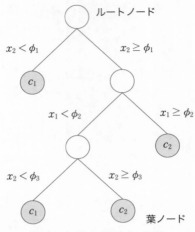

図 **6.7**　決定木モデルの例

習データをなるべく目的変数が類似した集合に分割していくような学習アルゴ
リズムとなっています。ただし，複雑な対象問題については，しばしば木の分
岐が非常に深くなってしまい，解釈性が失われるという問題が生じることが
あります。また，十分大きくないサイズの学習データから決定木モデルを推定
すると，過学習をしやすいという特徴があります。また，決定木の学習には，
CHAID，CART，C5.0 などのさまざまなアルゴリズムが提案されており，ア
ルゴリズムによっては使用できる変数に制約があります。

●——ランダムフォレスト

　ランダムフォレストとは，「ランダムに選択した特徴量とサンプルを使って
決定木を作る」という操作によって複数の異なる決定木を生成し，これらの多
数決（平均値）を使って，カテゴリを予測する方法です。これらのランダムに
作った個々の決定木は，学習データのすべてを学習しておらず，1つ1つの予
測精度は低いことから弱学習器とも呼ばれます。1つ1つの予測器の予測精度
は低くても，これらを平均化した予測値の精度が高くなることが知られていま
す。このような学習法は，アンサンブル学習とも呼ばれます。

　その原理は統計学の推定の機能を使って説明することができます。例えば，

真の平均値 μ を持つ確率変数 X が1つ観測されていたとしても，ばらつきが大きければ $X \approx \mu$ であることは期待できません。しかし，この場合でも確率変数 $X_1, X_2, \cdots, X_n$ が平均値 μ から偏りなくばらついている場合には，そのばらつきが大きくても，サンプルサイズが十分大きくなれば $(n \to \infty)$，

$$\frac{X_1 + X_2 + \cdots + X_n}{n} \to \mu$$

のように母集団の平均（母平均）に近づくことが知られています。これが，複数の推定値が推定したい真値の周りで偏りなくばらついている場合には，これらの平均，もしくは多数決で推定することで真の値に近い精度の高い予測が可能となる理由となっています。ランダムフォレストでは，1つ1つの木がなるべく相関を持たずに，大きなばらつきを持つように学習させ，これらを混合することで，全体としての予測精度を高めることに成功したモデルです。

　ランダムフォレストでは，ランダム性を加えて生成する個々の決定木（弱学習器）として，主に次のような2つのランダム化を導入しています。

①各決定木を作成するための学習データを「ブートストラップサンプリング」で生成する。

②各決定木を学習する途中で，各ノードにおいて選択候補となる特徴量（説明変数）の集合をランダムに選択する。

　まず，①の「ブートストラップサンプリング」とは，「n個の学習データからデータをランダムに1個取り出して戻す」という操作（復元抽出）を n 回繰り返すことで，学習データから重複を許してサンプリングした同じサイズ n のサンプルを新たに生成することをいいます。こうやって生成されたサンプルはブートストラップサンプルと呼ばれますが，重複を許して復元抽出をしていますので，その中には同じ学習データが複数回選ばれている可能性があることに注意しましょう。このようにして作られたブートストラップサンプルを用いて，1つの要素となる決定木を学習するわけですが，②で示したように，さらに用いる特徴量についてもある種のランダム性を加えます。具体的には，決定木のノードを分割する際に，すべての特徴量から最も分割指数のよい特徴量を

毎回選ぶのではなく，ランダムに選ばれた集合の中から選ぶことで，構築される各決定木の構造にランダム性を加えます。このように，個々の決定木にランダム性を加えて生成することで，多くの弱学習器としての木を作ることができます。最後に，これらの決定木の平均値を出力とすればよいことになります。

　また，ランダムフォレストでは，個々の決定木を作る際に，ブートストラップサンプルの中に選ばれなかったデータもある可能性があります。このような選ばれなかった学習データは OOB（Out-Of-Bag）データと呼ばれますが，実は，学習データのサイズ n が十分大きいとき，ある学習データが OOB データになる確率は $1/e \sim 0.368$ に近づくことが知られています（e は自然対数の底で $e = 2.71828\cdots$）。すなわち，学習データのおおよそ 2/3 程度がブートストラップサンプルに，残りの 1/3 程度が OOB データになるというわけです。このように，各決定木の OOB データは約 1/3 程度が存在することが期待でき，かつ OOB データは個々の決定木を学習する際には使われていませんので，個々の決定木の予測精度を評価するための検証データとして使うことが可能です。この OOB データに対する予測精度を用いて，ランダムフォレストの予測性能を評価できることも，この手法のメリットの 1 つとなっています。

●── 勾配ブースティング

　勾配ブースティングも，たくさんの弱学習器を構成し，これらの全体を使って予測を行う手法ですが，ランダムフォレストのように，個々の弱学習器を独立に学習するのではなく，弱学習器を順番に生成していきます。その際，前の弱学習器の予測誤差の情報を活用して，新しく追加する弱学習器が，予測誤差を小さくするように学習していく点が特徴です。通常は弱学習器として，決定木モデルが使われ，勾配ブースティング決定木（Gradient Boosting Decision Tree：GBDT）と呼ばれます。このように複数の決定木モデルを混合する方法としては，先のランダムフォレストがありますが，ランダムフォレストは個々の弱学習器を並列に学習するのに対し，勾配ブースティングでは木を段々と増やしていき，増やしていくごとに学習のための損失関数（誤差）を小さくしていくような方法となっています。いきなり表現能力の豊かなモデルを用いて学習データにフィッティングさせるのではなく，シンプルなモデルから徐々にモ

デルを複雑化しながら，段々と学習データにフィッティングさせていくことで過学習を避けるような手法といえます。

　その際，新たな木を追加する際に，誤差を小さくする方向に寄与する木を生成するための手がかりとして，損失関数に対する勾配ベクトルという情報を活用します。勾配ベクトルとは，損失関数が最も増える方向を意味していて，その反対方向に学習器のパラメータを変更することができれば，損失関数を減らすことができます。

●── ニューラルネットワーク

　ニューラルネットワークは人間の脳を模倣したニューロンと呼ばれる情報変換素子（ユニットともいう）を結合して，さまざまな非線形写像を学習することができるモデルです。非線形写像とは，線形写像の反対語で，簡単にいえば，直線や平面のような図形では表せないような複雑な写像であることを指します。一般的には，入力から出力までの一方向性を持った階層構造によって非線形の写像を近似する階層型ニューラルネットワークと，ユニット同士の入出力が双方向性を持ち，相互に影響を与えながら動作する相互結合型ネットワークに大別できます。相互結合型ニューラルネットワークには，さらに時間方向にデータの入力と出力があり，内部表現としてはユニット間の双方向結合が許容されているようなリカレント型のニューラルネットワークが知られています。これらのニューラルネットワークは，ユニットを結ぶすべての結合に重みパラメータが付与されており，これらの多くの重みパラメータを変更することでさまざまな非線形の構造を表現することができます。

　ニューラルネットワーク自体の表現能力は極めて高く，例えば，中間層を1つ有する3層のニューラルネットワークであっても，中間層ユニット数を十分に多くできれば，あらゆる連続で微分可能な非線形関数を十分な精度で近似できることが証明されています。すなわち，複雑な入力－出力の関係性の表現という観点からは，3層の階層型ニューラルネットワークで十分ともいえます。しかし，問題は有限の学習データから，ニューラルネットワークの重みパラメータを適切に学習する方法になります。単純な3層ニューラルネットワークであっても，有限の学習データにオーバーフィッティング（過適合）してしまい，

訓練データにはない未知のデータに対して予測精度の高いモデルを得ることは難しい課題であることが知られています。また，単純に階層ニューラルネットワークの階層数を多段階に増やしても，入力層に近い層（深層）の学習はうまく進行しないことも古くから指摘されていました。近年の爆発的なブームを生んだ深層学習は，まさにこの部分を改良した学習モデルといえます。なお，深層学習が脚光を浴びた初期の頃は，さまざまな事前学習アルゴリズムが勾配消失問題を解決するキーテクノロジーであるといわれていましたが，その考え方はすでに過去のものとなってしまいました。このように，人工知能や機械学習のアルゴリズムの発展のスピードは非常に速いので，常に最先端の技術動向に注意しておく姿勢が重要です。

●── 深層学習モデル

深層学習モデルは，階層型ニューラルネットワークをベースとして発展したモデルで，深層ニューラルネットワーク（Deep Neural Network：DNN）とも呼ばれています。さまざまな改良を加えることにより，入力層に近い層（深層）において，データが持つ特徴量を効果的にモデル化することに成功した人工知能モデルです。特に，画像認識の分野では圧倒的な分類精度を示しており，現在，主流のアプローチとなっています。ただし，画像データに比べて，データ数が比較的少ないビジネスデータの分析に適用する場合，期待した精度が出ない場合も多々あるため，注意が必要です。

深層学習モデルの入力層に近い層（深層）では，データが持つ特徴量を自動で抽出するような機能が備わっています。データの分類のために重要な特徴量を，これらの深層で抽出し，これらの情報をうまく集約しながら前の層に伝搬し，最終的に出力層でカテゴリ情報を出力します。最後の出力層の1つ前の層の出力は，出力層のユニットへの入力となっています。多層からなるDNNへの入力データは，深層で適切に特徴量が抽出され，多段階の中間層での変換プロセスによって適切に情報を集約しながら情報が前方に伝搬され，最終的に出力層の1つ手前の層では線形分離可能な情報へと変換されていきます。このような複雑な処理を行う多層のネットワークを有限の学習データから適切に学習することは，従来は難しい課題でした。これを可能としたさまざまなネットワ

ークモデルや学習テクニックの集大成が深層学習モデルです。これらの技術
は現在も発展途上ですが，中でもパターン認識のための重要なネットワーク
モデルは畳み込みニューラルネットワーク（Convolutional Neural Network：
CNN）でしょう。また，データの特徴を抽出するための手法としては，オート
エンコーダ（Autoencoder）をベースとした改良モデルも，データ分析の手法
として利用価値が高い手法としてさまざまな対象問題に適用されています。

●── その他の手法

　単純な分類器としては，ナイーブベイズ法や k 最近傍法などの手法も教科
書レベルの手法としてよく知られています。これらは，決定木などと同様に，
新しい手法の分類精度を評価するための比較相手など，ベースラインを知るた
めに使われることも多くなっています。しかし，これらの基本的な手法は，日
常のデータ分析業務で使える有用なテクニックとして，いまでもその重要性は
失われていません。

4　回帰のための分析手法

●── 回帰モデルの種類

　回帰分析は，最も重要な多変量データの分析技術といえます。ビジネスデー
タの分析においては，しばしば，最適化したい指標を設定することができ，そ
の指標に影響を与える要因を使って，関係性をモデル化することで，要因分析
や予測に活用することができます。

　いま，改善したいアウトカムの数値を意味する指標を連続変数 y で表しま
す。このような最適化したい目的となる変数のことを回帰モデルでは目的変数
といいます。回帰モデルは，目的変数 y に影響を与える要因を意味する複数
の変数 x_1, x_2, $\cdots$, x_d との関係式で表したモデルです。これらの目的変数 y
に影響を与えると考えられる変数 x_1, x_2, $\cdots$, x_d を説明変数といいます。目的
変数は従属変数，説明変数は独立変数と呼ばれることもありますので注意して
ください。また，これらの説明変数は，分類問題のときと同様に，パターン認
識や機械学習の分野では特徴量と呼ばれます。いま，n 組のデータが観測され

ており，その i 番目のデータが $(x_{1i}, x_{2i}, \ldots, x_{di}, y_i)$ という組で与えられているとします $(i = 1, 2, \ldots, n)$。このとき，回帰モデルでは，何らかの関数系 $f(\cdot)$ を用いて，

$$y_i = f(x_{1i}, x_{2i}, \ldots, x_{di}) + \varepsilon_i$$

という関係式を推定します。ただし，ε_i はノイズ（誤差）であり，通常は平均値が 0 の正規分布に従う正規ノイズが仮定されます。分析データ・学習データを特に意識しないで，説明変数と目的変数の関係式のモデルを表す際には，単に $y = f(x_1, x_2, \ldots, x_d) + \varepsilon$ と記述します。

●── 線形回帰モデルと多項式回帰モデル

　線形回帰モデルは，説明変数と目的変数が，偏回帰係数というパラメータの線形結合で与えられたモデルです。最も基本的な線形回帰モデルは，

$$y = \beta_0 + \beta_1 x_1 + \beta_2 x_2 + \cdots + \beta_d x_d + \varepsilon$$

と説明変数をそのまま線形結合した重回帰モデルです。この重回帰モデルでデータから推定しなければならないパラメータは，$\beta_0, \beta_1, \ldots, \beta_d$ であり，これらは偏回帰係数と呼ばれています。これらの偏回帰係数は，学習データから推定する必要がありますが，一般に説明変数の数よりも多い学習データが得られれば，最小二乗法を用いて数式解を得ることができます。しかしその解は，説明変数の間で強い相関があると極めて不安定になることが知られており，この問題は多重共線性と呼ばれています。

　ここで，線形回帰モデルとは，学習データから推定する必要のある偏回帰係数に対して線形の構造[5]があるという意味で，説明変数と目的変数の関係性自体は非線形でも構いません。例えば，ある 1 つの説明変数 x に対して，$x^2, x^3, \ldots$ のように二次，三次，$\ldots$ といった項を追加し，

---

[5]　線形とは，入力と出力が直線的な関係であることをいいます。厳密には，ある関数 $f(x)$ が，$f(x + y) = f(x) + f(y)$ と，実数 a に対して $f(ax) = a f(x)$ を満たすとき，この関数は線形であると定義されています。

$$y = \beta_0 + \beta_1 x + \beta_2 x^2 + \beta_3 x^3 + \cdots + \beta_R x^R + \varepsilon$$

のような回帰モデルを構成することができます。このような回帰モデルは，多項式回帰モデルと呼ばれます。この回帰モデルは説明変数 x と目的変数 y の関係性としては非線形ですが，推定すべき回帰係数については線形構造であるため，重回帰モデルと同様に最小二乗法を解くことによって偏回帰係数を推定することができます。

　ただし，上の多項式回帰モデルでは，説明変数が x という 1 変数のみの場合を考えていました。説明変数が d 個あった場合には，二次の項までの多項式回帰でも，

$$y = \beta_0 + \beta_1 x_1 + \cdots + \beta_d x_d + \beta_{11} x_1^2 + \beta_{12} x_1 x_2 + \beta_{13} x_1 x_3 + \cdots + \beta_{RR} x_R^2 + \varepsilon$$

というように，多くの回帰係数のパラメータを持つモデルとなります。ここで，異なる説明変数 x_i と x_j の掛け算で与えられる項 $\beta_{ij} x_i x_j$ は，二次の交互作用項といいます。このモデルでは，二次の交互作用項[6]が $\beta_{11} x_1^2, \beta_{12} x_1 x_2, \ldots, \beta_{RR} x_R^2$ と ${}_R C_2 = R(R-1)/2$ 通りの組み合わせの数となってしまいます。これは，10 変数でも 45 通り，20 変数では 190 通りの組み合わせとなり，非常に多くの二次の交互作用項について回帰係数を推定しなければならないモデルとなってしまいます。二次の多項式回帰モデルでも，このような多くの項を持つ回帰モデルとなってしまいますので，三次以上の高次の多項式回帰の回帰係数は，その数が爆発的に大きくなってしまい，現実的なデータ数から精度よく推定することが困難になってしまうという問題があります。この点を改良したモデルとして，Factorization Machines（FM）と呼

---

[6]　通常の重回帰モデルでは，各説明変数と目的変数は個々に比例関係があると仮定されています。これはある 1 つの説明変数に注目して，その値を動かした場合に目的変数に与える影響の度合いは，他の説明変数がどのような値であっても同じであることを意味しています。これに対して，他の説明変数の値との組み合わせによって，目的変数に与える影響の度合いが異なるケースも考えられます。このような関係を交互作用といいますが，2 つ以上の変数の組み合わせと目的変数が何らかの関係を持つことになりますので，その関係（交互作用）をモデルで表現する必要があります。そのために，目的変数に影響を与える 2 つ以上の説明変数の組み合わせを表した項を回帰モデルの入力にすることがあり，これを交互作用項といいます。

ばれる手法が知られています。

●── 混合回帰モデル

説明変数の中に，何らかの離散変数 v が含まれているとします。最も簡単な例として，$v = 1$, $v = 0$ と二値をとるダミー変数である場合を考えてみましょう。例えば，$v = 1$ が「男性」，$v = 0$ が「女性」を表すものとして，

$$y = \beta_0 + \beta_1 x_1 + \beta_2 x_2 + \beta_3 x_3 + \cdots + \beta_d x_d + \beta_v v + \varepsilon$$

という回帰モデルを考えると，偏回帰係数 β_v の意味は「女性に比べて，男性は平均的に y が β_v だけ大きい」ということになります。このように質的変数であっても，これをダミー変数化できれば，他の説明変数と同様に回帰モデルに組み込んで推定すればよいことになります。

しかしながら，しばしば，$v = 1$ と $v = 0$ の場合で，他の変数の偏回帰係数が異なる場合が考えられます。例えば，「男性では x_1 の効果は正（$\beta_1 > 0$）であるが，女性の場合は x_1 の効果は負（$\beta_1 < 0$）である」という，実際にもありうる話です。このような場合，しばしば，男性と女性で層別して 2 つの回帰モデルを構築するということが行われます。しかし，層別変数が性別だけといった層別がしやすいケースの場合は問題がありませんが，このような層別変数が $v_1, v_2, \cdots, v_R$ と多く存在していて，すべての層別において他の偏回帰係数が異なるかも明らかではない場合もあります。このような場合は，とりうる値があまり多くない z という離散の潜在変数を導入して，

$$P(z \mid v_1, v_2, \ldots, v_R)$$

という条件付き確率を考え，

$$y = \sum_z \{\beta_0^z + \beta_1^z x_1 + \beta_2^z x_2 + \beta_3^z x_3 + \cdots + \beta_d^z x_d\} P(z \mid v_1, v_2, \ldots, v_R) + \varepsilon$$

のように，異なる回帰を $P(z \mid v_1, v_2, \ldots, v_R)$ で重み付け平均をとったようなモデルを考えると対象問題をうまくモデル化できることがあります。このようなモデルを混合回帰モデルといいます。

●── ニューラルネットワーク回帰

多階層の階層型ニューラルネットワークモデルは，任意の非線形写像[7]を近似できることが知られているモデルです。したがって，これを回帰に適用することもできます。すなわち，

$$y = f(x_1, x_2, \ldots, x_d) + \varepsilon$$

の $f(x_1, x_2, \ldots, x_d)$ の部分を階層型ニューラルネットワークで構成する方法です。ただし，階層型ニューラルネットワークは表現能力が非常に高いため，学習データ数があまり多くない場合には，学習データにフィッティングし過ぎてしまい，予測精度が劣化する過学習の問題が生じやすいという性質があります。そのため，正則化手法[8]などの過学習を防ぐ学習アルゴリズムを適切に併用しなければなりません。そのような学習アルゴリズムの工夫については，さまざまな手法が知られていますが，対象問題に合わせてさまざまな方法を試行錯誤することが必要になります。

●── その他の手法

回帰モデルは，目的変数が連続である場合に，説明変数と目的変数の関数関係を推定する問題と捉えることができるため，機械学習で分類のために用いられるさまざまな手法はそのまま回帰にも使えることが多いといえます。例えば，決定木モデルの出力を連続値としたモデルは回帰木モデルと呼ばれます。また，これを用いてランダムフォレストと同様の方法で弱学習器を構成し，アンサンブル学習する方法は，ランダムフォレスト回帰と呼ばれます。また，勾

---

[7]　重回帰モデルなどの線形モデルでは表現できないような関数の非線形関数，そのような入力と出力の写像関係を非線形写像といいます。ただし，統計的推定の観点で線形モデルといった場合，通常はモデルのパラメータと出力が比例関係となっていることが重要です。説明変数 x を $x' = \log x$ のように対数変換して回帰モデルに用いると，説明変数 x と目的変数 y の関係は比例関係でなくなりますが，対数変換した変数 x' と y が比例関係にありますので線形モデルになります。非線形写像は，そのような単純な変数操作では対応関係が表現できないような複雑な写像関係であると理解しておけばよいでしょう。

[8]　統計モデルや機械学習モデルのパラメータ推定では，学習データに対して何らかの損失関数を定義して，それを最小化するようにパラメータを更新するような操作がとられますが，正則化手法では，損失関数に正則化項と呼ばれる項を足した合計を最小化するようなパラメータ推定を行います。これにより，学習データに対する損失関数が小さくなり過ぎないように調整する方法です。

配ブースティングなどの手法も回帰モデルとして利用することができます。

　また，サポートベクトルマシンを回帰モデルとして再構築したサポートベクトル回帰モデルも知られています。サポートベクトル回帰の学習では，観測値と予測値の残差が ε 以下であれば 0 とみなすような項を含んだ目的関数が用いられます。すなわち，サポートベクトル回帰は，モデルの学習時に観測値と予測値の残差が小さいサンプルを無視してモデルを推定した回帰モデルになります。サポートベクトル回帰は，サポートベクトルマシンと同様に，カーネル手法と組み合わせることで非線形な関係を推定可能なモデルとなります。

　また，最近では，予測性能とモデルの解釈性の両立をめざそうという流れから，一般化加法モデル（Generalized Additive Model：GAM）や一般化加法モデルに交互作用項を加えた GA^2M（Generalized Additive 2 Model）と呼ばれる手法も注目されるようになっています。

5　クラスタリングのための分析手法

●── クラスタリングモデルの種類

　得られた多次元のデータを似た者同士にグルーピングする作業は，複雑なデータを整理するためには大変重要な処理で，このような処理をクラスタリングといいます。これは，全データを似た者同士の集まりであるクラスタ（類似したデータのグループ）に分割するという意味になります。例えば，次のような具体例を考えてみるとイメージができるでしょう。

- 顧客の購買履歴データから，購買行動が類似した顧客のグループへとクラスタリングすることで，嗜好が類似した顧客クラスタを抽出する。これらのクラスタ別に異なる施策を設計することで，嗜好が類似した顧客グループの特徴に合致した施策を個別検討することが可能になる。
- 自由記述のアンケート回答データを，含まれる単語が類似した回答グループへとクラスタリングすることで，内容が類似した回答クラスタを抽出する。大量のアンケート回答データを，これらの類似クラスタにまとめてから内容を確認することで，アンケート結果の全体像の把握と分析が容易に

なる。

- 競合各社の商品を，それらの特徴が類似した商品グループへとクラスタリングすることで，特徴が類似した商品グループを抽出する。さまざまな商品を類似したグループに整理してから分析することにより，各商品の競合関係について分析することができる。

クラスタリングによって，もとのデータ集合がいくつかのクラスタに分割されれば，それぞれのクラスタ別に対応を検討したり，さらに分析を進めるための指針を得ることにつながります。

クラスタリングには，ハードクラスタリングとソフトクラスタリングがあります。

- ハードクラスタリング：グループ化する対象のデータが，どれかの1つのグループに一意に属することを仮定したクラスタリング
- ソフトクラスタリング：グループ化する対象のデータが，いくつかのグループに確率的に所属することを仮定したクラスタリング

従来の多変量解析で適用されてきたクラスタ分析は，主にハードクラスタリングを指していました。このハードクラスタリングという意味でのクラスタ分析では，次の点を事前に決める必要があります。

①グループ分けの対象

　データを分類するのか，変数を分類するのか

②階層の有無

　階層クラスタリングか，非階層クラスタリングか

③基準となる距離（類似度）

　クラスタリングに用いる距離や類似度の尺度（ユークリッド距離，コサイン類似度など）

④クラスタのマージ方法

　ウォード法，群平均法，最短距離法，最長距離法など

一方，ソフトクラスタリングは，個々のデータが各クラスタに所属する程

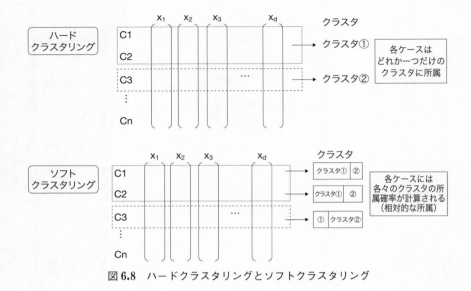

図 6.8　ハードクラスタリングとソフトクラスタリング

度を確率的に表現する方法です。正規分布を複数混合した混合正規モデル（Gaussian Mixture Model：GMM）や近年のテキストデータ分析や購買データ分析で注目されたトピックモデルを用いたクラスタリングがその代表的な手法といえます。ソフトクラスタリングでは，一般に確率分布を仮定して混合分布の推定を行うため，適切な確率分布を設定する必要があります。また，その推定方法には最尤推定に基づく方法とベイズ推定に基づく方法があります。

●── 階層クラスタ分析

　多変量データの分析手法としての階層クラスタ分析は，データを似たもの同士にグルーピングする手法として，比較的古くから存在していました。基本的にはハードクラスタリングで，近いもの同士のデータを，逐次マージしながら段々とクラスタを成長させていくような方法になっています。データをマージした後は，それらの平均値を新たなデータとみなして，他のデータとの類似度を測り，さらに類似したデータ同士をマージします。

　逐次的に結合されたデータは，その結合したデータ間の類似度（もしくは距離の近さ）を使って，逐次的にどのように結合されていったのかを表現したデ

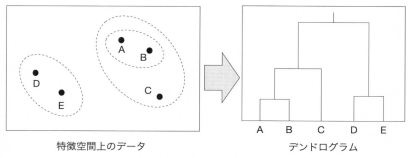

特徴空間上のデータ　　　　　　　　　デンドログラム

図 6.9　階層クラスタ分析のイメージ

ンドログラムという樹形図を描くことで，データ間の関係性を視覚的に把握することができます（図 6.9）。

●── 非階層クラスタ分析

　非階層クラスタ分析（k-means 法）は，最も基本的な非階層クラスタリング手法として知られている手法です。その名前の通り，k 個のクラスタの平均値（means）を計算しながら，各サンプルデータとこれらの平均値との距離が最も近い（類似度が最も高い）クラスタにデータを所属させるという考え方で，繰り返しの手続きによってクラスタを生成します。k 個のクラスタの平均値は，各クラスタの代表点を表していますが，これをモード（最頻値）に変更した方法は k-mode 法と呼ばれます。通常，連続値をとる定量データに対する k-mode 法は各クラスタのモードの計算に工夫を要するため，主に離散データに対して適用されることが一般的です。

●── 潜在クラスモデルによるソフトクラスタリング

　k-means 法は，個々のデータが必ず，どれか 1 つのクラスタに属するように仕分ける手法でした。しかし，多くの場合，個々のデータがどのクラスタに属するかは一意ではなく，例えば，「60％ はクラスタ 1 に，40％ はクラスタ 2 に属する」などと，確率的に所属させるほうが，現実問題に当てはまりがよい場合があります。このような複数のクラスタに確率的に所属することを許容した方法をソフトクラスタリングといいます。ソフトクラスタリングのための代

表的な手法群が，潜在クラスモデルを用いたクラスタリングです。

6　次元削減による特徴分析手法

●── 次元削減と特徴分析のための分析手法の種類

　近年扱われるようになったビッグ・データは，単にサンプルサイズとしての
データ数が膨大なだけでなく，変数の種類が膨大であることがほとんどです。
さらに，それらの変数間に依存関係があり，データ分析の観点からは冗長な変
数が多数存在していることもあります。このような高次元データをそのまま用
いて，回帰モデルや分類モデルを学習すると，学習データに過適合し，予測精
度の高いモデルが得られないという問題も生じてしまいます。

　そのため，膨大な次元を削減して人間が結果を解釈したり，回帰や分類のモ
デルに用いる入力変数（説明変数）を得るための適切な次元圧縮手法は，大変
重要であり，その取扱いを習得しておくことが必要になります。

●── 主成分分析と特異値分解

　主成分分析は，パターン認識や機械学習の分野では KL（Karhunen-Loeve）
展開と呼ばれ，多次元のデータ間の相関を考慮して，最も情報量的な損失を少
なくしつつ次元を削減するための手法です。主成分分析は，d 次元空間上に分
布した n 個のデータのうちの j 番目のデータ $\boldsymbol{x}_j = (x_{j1}, x_{j2}, \ldots, x_{jd})$ に対
して，

$$z_{j1} = \alpha_{11}x_{j1} + \alpha_{12}x_{j2} + \cdots + \alpha_{1d}x_{jd}$$
$$z_{j2} = \alpha_{21}x_{j1} + \alpha_{22}x_{j2} + \cdots + \alpha_{2d}x_{jd}$$
$$\vdots$$
$$z_{jK} = \alpha_{K1}x_{j1} + \alpha_{K2}x_{j2} + \cdots + \alpha_{Kd}x_{jd}$$

という K 個の線形結合によって，K 個の値を計算することで，d 次元のデー
タを K 次元に縮約します。一般に，z_{jk} はデータ $\boldsymbol{x}_j = (x_{j1}, x_{j2}, \ldots, x_{jd})$
とベクトル $\boldsymbol{\alpha}_k = (\alpha_{k1}, \alpha_{k2}, \ldots, \alpha_{kd})$ の内積を意味しますので，主成分分
析は，この K 個の方向ベクトル $\boldsymbol{\alpha}_1, \boldsymbol{\alpha}_3, \cdots, \boldsymbol{\alpha}_K$ をいかに決めるかという問

題を扱っていることになります。一般性を失うことなく、K 本の方向ベクトル $\boldsymbol{\alpha}_k = (\alpha_{k1}, \alpha_{k2}, \ldots, \alpha_{kd})$ は互いに直交し、かつ $|\boldsymbol{\alpha}_k| = 1$ と仮定しておくと、z_{jk} は幾何学的にはデータ $\boldsymbol{x}_j$ を方向ベクトル $\boldsymbol{\alpha}_k$ に垂直に下ろした点の平面上の第 k 座標を表します（$k = 1, 2, \ldots, k$）。すなわち、データ $\boldsymbol{x}_j = (x_{j1}, x_{j2}, \ldots, x_{jd})$ を、K 個の方向ベクトル $\boldsymbol{\alpha}_1, \boldsymbol{\alpha}_3, \ldots, \boldsymbol{\alpha}_K$ の線形和で定義される K 次元の超平面に垂直に下ろした点 $\tilde{\boldsymbol{x}}_j$ は、$\boldsymbol{\alpha}_1$ 方向に z_{j1} の大きさ、$\boldsymbol{\alpha}_2$ 方向に z_{j2} の大きさ、$\ldots$、$\boldsymbol{\alpha}_K$ 方向に z_{jK} の大きさを持つ点になりますので、

$$\tilde{\boldsymbol{x}}_j = z_{j1}\boldsymbol{\alpha}_1 + z_{j2}\boldsymbol{\alpha}_2 + \cdots + z_{jK}\boldsymbol{\alpha}_K$$

という式で表すことができます。このように、もとのデータを表す点 $\boldsymbol{x}_j$ をある平面に影を映すようにして得られる変換のことを、数学的には射影といいます。

　このようにして作った射影 $\tilde{\boldsymbol{x}}_j = (\tilde{x}_{j1}, \tilde{x}_{j2}, \ldots, \tilde{x}_{jd})$ が、もとのデータ $\boldsymbol{x}_j = (x_{j1}, x_{j2}, \ldots, x_{jd})$ の情報を最もロスしないようにするにはどうしたらよいでしょうか。主成分分析では、二乗誤差

$$J = \sum_{j=1}^{n} \left\| \tilde{\boldsymbol{x}}_j - \boldsymbol{x}_j \right\|^2 = \sum_{j=1}^{n} \sum_{i=1}^{d} (\tilde{x}_{ji} - x_{ji})^2$$

を最小にすることで、もとのデータ $\boldsymbol{x}_j = (x_{j1}, x_{j2}, \ldots, x_{jd})$ と縮約後の座標 $\tilde{\boldsymbol{x}}_j = (\tilde{x}_{j1}, \tilde{x}_{j2}, \ldots, \tilde{x}_{jd})$ がなるべく近くなるように方向ベクトル $\boldsymbol{\alpha}_1, \boldsymbol{\alpha}_3, \ldots, \boldsymbol{\alpha}_K$ を決めるのです。すなわち、主成分分析では、d よりも小さい K 次元の超平面を描いたときに、学習データからこの超平面に降ろした垂線の長さの二乗和を最小にするような超平面を求めたものと等価な方法となっています。実際には、データを $K = 1$ 次元に縮約したときに最も二乗誤差 J が小さくなるように決めた $\boldsymbol{\alpha}_1 = (\alpha_{11}, \alpha_{12}, \ldots, \alpha_{1d})$ を第 1 主成分といいます。次に、$\boldsymbol{\alpha}_1$ が与えられたもとで $K = 2$ 次元に増やした際に、2 次元の平面で最も二乗誤差 J が小さくなるように追加される $\boldsymbol{\alpha}_2 = (\alpha_{21}, \alpha_{22}, \ldots, \alpha_{2d})$ を第 2 主成分といいます。以後、順次、平面の次元を増やしていって第 K 主成分 $\boldsymbol{\alpha}_K = (\alpha_{K1}, \alpha_{K2}, \ldots, \alpha_{Kd})$ までを計算することができます。実際には、このように求めた方向ベクトル $\boldsymbol{\alpha}_1, \boldsymbol{\alpha}_2, \ldots, \boldsymbol{\alpha}_K$ は、全データを各軸に直交射

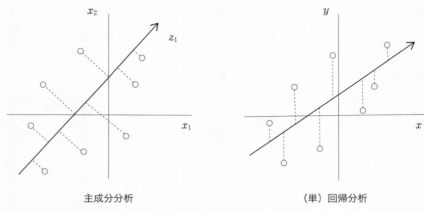

主成分分析　　　　　　　　　　　（単）回帰分析

図 6.10　主成分分析と回帰分析のイメージの違い

影して得られるデータの分散を最大化する方法でも同じ解が得られ，分散共分散行列の固有値・固有ベクトルを求めることで主成分が得られることが知られています。主成分が求められた後で得られる z_{jk} は主成分得点，もしくはサンプルスコアと呼ばれ，そのデータが各主成分の要素をどの程度持っているかを表すような値になります。

　2 次元の空間に分布するデータを，1 本の直線によってモデル化することを考えたときの主成分分析と回帰分析のイメージの差異は図 6.10 のようになります。回帰分析の場合は目的変数 y の残差平方和が最小化されるのに対し，主成分分析では各データから直線に下ろした垂線の長さの二乗和を最小化しています。ただし，回帰分析の場合，説明変数の数が増えて d 個になると，d 個の説明変数の線形和を使って目的変数 y の値を説明しようとしますので，これは d 個の説明変数と 1 個の目的変数で作られる $d+1$ 次元空間上に，d 次元の超平面を置いて，変数間の関係性を表していることに注意しましょう。すなわち，なるべく d 次元の超平面と各データの目的変数 y の値との差が小さくなるように，超平面を推定します。一方，主成分分析では，何本の主成分を採用するかは分析者に依存します。例えば，分析者が d 個の変数に対して $\tilde{d}$ 本の主成分を使ってデータの分布を分析しようとした場合（ただし，$d > \tilde{d}$），d 次元空間上に $\tilde{d}$ 次元の超平面を置いて，なるべく各データからこの $\tilde{d}$ 次元の超平面までの距離の二乗和が小さくなるようにこの超平面を決めています。主成

分の数 $\tilde{d}$ は，分析者が適切に決めなければなりません。一般には，累積寄与率という指標が計算されて，この値が 80% 程度になるまでの主成分を採用するといった方法が多く用いられています。

●—— 非負値行列因子分解

主成分分析は，主に正規分布に従う多変量のデータに対して，大変よい次元削減の手法です。一方，ビジネスの現場で観測されるデータには，0 以上の非負値しかとらない変数だけからなる場合も多くあります。例えば，「各顧客が各商品を購入した個数」「各ユーザが各 Web サイトにアクセスした回数」「各ユーザが各映画コンテンツを視聴した回数」「各文書データに含まれる各単語の登場回数」などは，すべて負の値はとりえません。例えば，i 番目の顧客が j 番目の商品を購入した個数を x_{ij} としましょう。このとき，m 人の顧客の n 種類の商品に対する全購買データは，

$$X = \begin{pmatrix} x_{11} & \cdots & x_{1n} \\ \vdots & \ddots & \vdots \\ x_{m1} & \cdots & x_{mn} \end{pmatrix}$$

のような行列形式で表すことができます。このとき，この行列の第 i 行，

$$x_i = (x_{i1}, x_{i2}, x_{i3}, \ldots, x_{in})$$

は，i 番目の顧客が各商品を購入した個数を表すベクトルになっています。その要素はすべて 0 以上の非負になります。

このような非負値データを圧縮する手法として，広い用途と有効性が示されている手法の 1 つが非負値行列因子分解（Non-negative Matrix Factorization：NMF）という方法です。この手法は，分析対象である $m \times n$ 行列 X を，次のように $m \times k$ 行列 W と $k \times n$ 行列 V の積に分解して近似します。

$$X \approx WV$$

行列の形式で記述すると，次のようになります。

$$
\begin{pmatrix} x_{11} & \cdots & x_{1n} \\ \vdots & \ddots & \vdots \\ x_{m1} & \cdots & x_{mn} \end{pmatrix} \approx \begin{pmatrix} w_{11} & \cdots & w_{1k} \\ \vdots & \ddots & \vdots \\ w_{m1} & \cdots & w_{mk} \end{pmatrix} \begin{pmatrix} v_{11} & \cdots & v_{1n} \\ \vdots & \ddots & \vdots \\ v_{k1} & \cdots & v_{kn} \end{pmatrix}
$$

ただし，通常，k は m や n よりもかなり小さい数字に設定されます（$k \ll m, n$）。このとき，行列 W の第 i 行，

$$
w_i = (w_{i1}, w_{i2}, w_{i3}, \ldots, w_{ik})
$$

は，i 番目の顧客の特徴を k 次元のベクトルで表したものとなります。すなわち，もともとは m 次元のベクトルで表現されていた顧客のベクトルが，k 次元のベクトルに圧縮されて表現されたことになります。行列 W や行列 V の要素もすべて非負であることに注意しましょう。非負値行列因子分解（NMF）は，購買点数や閲覧回数など，非負のビジネスデータの統計的特徴を捉えるための強力なツールとなりえます。例えば，購買履歴データの行列から，このように圧縮したベクトル表現を用いて，類似した顧客をクラスタリングしたり，各顧客が次に購入しそうなアイテムを予測することも可能です。

●── オートエンコーダ（自己符号化器）

第 4 章でも述べましたが，オートエンコーダは，入力層と出力層の素子数を同じにした階層型ニューラルネットワークを用いて，入力データと出力データに同じデータを提示しながら学習させたモデルです。入力層（出力層）よりも，少ない中間層素子を用いることで，入力データ $\boldsymbol{x}$ をより低次元の中間表現に圧縮（符号化）してからもとに戻すこと（復号化）のようなニューラルネットワークモデルが学習されます。実際には，情報を縮約していますので，完全にもとには戻りませんが，ネットワークからの出力を $\tilde{\boldsymbol{x}}$ としたときに $\tilde{\boldsymbol{x}} \approx \boldsymbol{x}$ が成り立っています。このとき得られる各データの中間表現 $\boldsymbol{z}$ は，各データを入力層素子数の次元から中間層素子数の次元まで圧縮したときの本質的な情報を意味していると考えられます。

オートエンコーダの入力 $\boldsymbol{x}$ と出力 $\tilde{\boldsymbol{x}}$ の誤差は，再構成誤差と呼ばれます。再構成誤差が小さいほど，中間層に情報を縮約したことによる情報ロスが少な

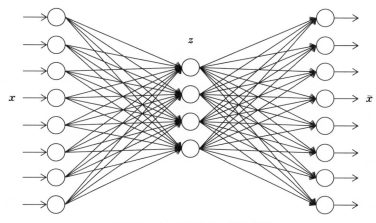

図 **6.11**　オートエンコーダの構造

く，中間表現 **z** には入力情報の特徴が表現されていると考えられます。オートエンコーダでは，学習データ全体に対する再構成誤差が小さく，かつ中間層素子数が少ないネットワーク構造を探索的に学習します。

　また，オートエンコーダは，入力から少数の中間素子に情報をいきなり縮約して復号すると情報のロスが大きくなりますので，まずはある程度の大きさの中間層で情報を縮約し，その中間表現に対してさらにオートエンコーダを適用すると，重要な特徴量が段々と抽出され，集約されていくようになります。このように，オートエンコーダを多層的に適用して，段々と素子数が少なくなるようにしたモデルを積層オートエンコーダといいます。積層オートエンコーダは，深層学習モデルに学習の初期値を与える方法であるだけでなく，データを低次元に縮約する方法としても有用な手法になります。

●── t-SNE

　t-SNE（t-distributed Stochastic Neighbor Embedding）は最近よく見かけるようになった次元削減のアルゴリズムで，非線形な高次元データを 2 次元または 3 次元の低次元空間に写像して可視化する手法です。手書き文字などの画像データを二次元空間に射影したときに，人間が解釈しやすい結果を示すことで注目されています。その意味では，主成分分析や NMF，オートエンコーダの

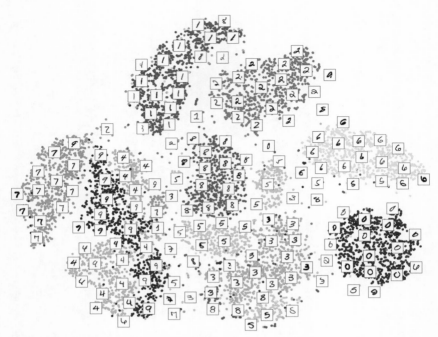

（出所）　SAIRA Blog（2021）を参考に著者作成。

図 6.12　t-SNE で数字の画像データ MNIST を 2 次元に可視化した例

ように，多次元データをより少ない変数のベクトルに集約して，ノイズ項を除去して本質的なデータの特徴を抽出しようとする手法とは，利用目的が異なる手法といえます。主成分分析や NMF，オートエンコーダなどで，データを圧縮した表現が異なるカテゴリのパターンを正しく抽出できているか否かを視覚的に確認する方法としても利用できます。

　図 6.12 は，MNIST（Modified National Institute of Standards and Technology）データベースと呼ばれる手書き数字の画像データを t-SNE で 2 次元に可視化した例です。

　この図より，数字が同じ画像データは近くに配置されていることがわかります。また，9 と 4 のように形状が類似した数字が近くに配置されていることもわかるでしょう。また，8 は書き方によっては，1 や 3，5 に近いイメージになっていることもわかります。このように，t-SNE では画像のように多次元で

複雑な特徴を持つデータであっても，データ間の類似性や分布全体を理解しやすい2次元の平面に，それらを埋め込んで表現してくれることに加え，人間の直感と近い可視化を提示してくれることから，昨今，さまざまな場面で使われるようになりました。

7 共起データからの特徴分析手法

●── 共起データと分析手法の種類

例えば，「顧客による購買履歴データ」は，個々の顧客の嗜好によって選ばれた商品が記録されたデータであり，「ユーザが閲覧したWebサイトの履歴データ」は，各ユーザが各自の好みで閲覧したWebサイトが記録されたデータです。これらのデータの特徴は，「Aさんが商品Xを購入した」という行動を，「顧客Aと商品Xの共起（これらが同時に起こること）」という事象とみなして，その共起の確率を考えることができるような対象であることです。読者の皆さんは，少し不思議に思うかもしれません。私たちは，そのような確率的な法則に従ってお店で購入する商品を決めたり，インターネットのWebサイトを閲覧したりはしておらず，あくまで自分の意志で行動した結果であるはずです。

しかし，このような個々の顧客の心の中身を厳密にモデル化して，購買予測などに活用することは不可能です。そこで，「顧客Aと商品Xの共起する確率」を考え，これを推定することで「顧客Aが商品Xを購入する」という事象の起こりやすさをモデル化してしまえば，少なくとも「どの顧客がどのような商品を好んで購入しそうか」を知ることができます。このような観点から，何らかの事象の共起を表した共起データを対象とした分析やモデルは，さまざまな用途に活用されています。

このような共起は，実は自然言語で記述されたある文書（テキストデータ）の中で使われている各単語の頻度が従う確率モデルとしても重要な役割を果たしています。人間が執筆するテキストのようなデータは，もちろん，確率的に単語を生成して並べているわけではなく，意味を考えながら文章を書いていることは自明ですが，人間の頭の中で考えている文章を創り出す構造を厳密に数学

的にモデル化することはほぼ不可能ですので，「文書 d と単語 w が共起する確率」や「単語 w_1 と単語 w_2 が（同じ文書内で）共起する確率」といった共起に関する確率的事象として捉えます。その共起の確率は，その文書がどんな内容（トピック）について論じているのかによって確率が変わりますので，一般には観測できない潜在トピックの条件付の共起確率を推定することが必要になります。そのため，このような観測できない潜在的なトピックの存在を背後に仮定した確率モデルの総称として「トピックモデル」という呼び方がなされています。昨今，購買履歴データや閲覧履歴データをトピックモデルで分析しようとした試みはたくさんなされています。次に示す確率的潜在意味解析法（PLSI）や潜在ディリクレ配分法（LDA）と呼ばれるモデルは代表的なトピックモデルです。

●── 確率的潜在意味解析法

　情報検索やテキストデータ分析の分野では，一般に疎な行列データとなる文書－単語行列を分析する手法として，特異値分解をベースとした潜在意味解析法という方法が提案されていました。このモデルをさらに確率モデルの枠組みで定式化できるように拡張したモデルが，確率的潜在意味解析法（Probabilistic Latent Semantic Indexing：PLSI）です。この PLSI はその後のトピックモデルの発展に重要な役割を演じました。いま，文書を x，単語を y とするとき，文書 x で単語 y が使われる背景には，その単語が持つトピック（話題）があると考えます。そして，これらの文書 x と単語 y があるトピック z のもとで共起すると仮定したモデルが PLSI といえます。確率の式で記述すると，

$$P(x, y, z) = P(x \mid z)P(y \mid z)P(z)$$

のようになります。トピック z が与えられたもとで，文書 x と単語 y は条件付独立を仮定しています。逆にいえば，トピック z によって，文書 x と単語 y の統計的な従属関係が表現されているといえます。実際には，トピック z は観測できませんので潜在クラスモデルの一種となり，確率モデルとしては文書 x と単語 y の確率を表した，

$$P(x, y) = \sum_z P(x \mid z) P(y \mid z) P(z)$$

を学習データから推定する必要があります。

　学習データからいったん上記の確率モデルが推定されれば，推定された確率 $\hat{P}(x \mid z)$, $\hat{P}(y \mid z)$, $\hat{P}(z)$ を用いて，文書 x の各潜在トピックへの所属確率 $\hat{P}(z \mid x)$ や単語 y の各潜在トピックへの所属確率 $\hat{P}(z \mid y)$ を計算することができます。潜在トピックが $z_1, z_2, \ldots, z_K$ と K 個であるとすれば，これらの所属確率も $\hat{P}(z_1 \mid x)$, $\hat{P}(z_2 \mid x)$, $\ldots$, $\hat{P}(z_K \mid x)$ と K 個の値を計算することができますから，これらをまとめて K 次元のベクトルを構成することができます。潜在トピック数 K は分析者が適切に設定する必要がありますが，一般には単語や文書の数よりはずっと小さい値が設定されるため，次元縮約手法とみなすこともできます。

●── 潜在ディリクレ配分法

　潜在ディリクレ配分法（Latent Dirichlet Allocation：LDA）は，英語名称の頭文字を取って LDA と呼ばれることが多いモデルです。LDA は先に紹介した PLSI のパラメータであるトピックの生起確率 $P(z)$ や条件付確率 $P(x \mid z)$ が，ある種の揺らぎを持ってばらついているような事象を表現したモデルです。そのために，これらのパラメータも確率分布に従って生起すると考えます。この確率分布の形を決めるパラメータをハイパーパラメータと呼びます。なるべく簡単にイメージを説明すると，

1. まず，パイパーパラメータで定義されたある確率分布から，パラメータ生起確率 $P(z)$ や条件付確率 $P(x \mid z)$ が確率的に生起する。
2. 次に，得られた生起確率 $P(z)$ に従って，潜在トピック z が生起する。
3. 得られた潜在トピック z と条件付確率 $P(x \mid z)$ に従って，商品（または単語）x が生起する。

というようにモデルの内在的構造が確率的に生成されるようなモデルになっています。このようなモデルは階層ベイズモデルと呼ばれることもありますが，その本質は「これまで真の値が 1 つあると想定していた確率分布のパラメータも，やはり確率的に変化していると考えるモデル」という意味になります。

LDA について厳密な数式やハイパーパラメータの推定法を示すことは本書の範囲外となりますので述べません。ただし，最近では Python 等で比較的簡単に使うことができるようになっており，利用される場面も増えてきていますので，モデルの意味は理解しておくほうがよいでしょう。

8　ネットワーク分析のための手法

●── ネットワークデータと分析手法の種類

近年，得られるデータが「分析対象集合のうちの 2 つの関係」を表すようなケースも多くなっています。例えば，次のような事例が挙げられるでしょう。

- SNS（Social Networking Services）におけるユーザの友達関係（「A さんと B さんは友達関係である」というデータ）
- 学術的論文の共著者関係（「A さんと B さんは，ある論文の共著者である」というデータ）
- テレビタレントの共演関係（「A さんと B さんは，ある番組で共演した」というデータ）
- 図書の参考文献の引用関係（「書籍 C の参考文献に書籍 D が記載され，引用されている」というデータ）
- Web ページのリンク関係（「Web サイト E から，Web サイト F へのリンクがある」というデータ）

このようなデータは，分析対象をノード，それらの関係性をリンクとみなすことで，ネットワーク構造（グラフ構造）を表現するデータと考えることができます。上で示した事例において得られる生データの 1 つ 1 つは「あるノードとあるノードとのつながり」を表すデータで，例えば次の例に示すような形で与えられます。A〜F が個々の対象データであり，これらをノードで表します。

A – B
A – C

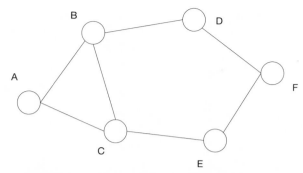

図 **6.13** ネットワークモデルの例（図中の○がノード）

B – C
B – D
C – E
D – F
E – F

　このつながりの関係を，ネットワーク構造で図示すると図 6.13 のようになります。

　このようなネットワーク図で，ノード間に引かれた線は，そのノード間にリンクの関係があることを意味しますが，このリンクに方向性がある場合もあります。例えば，論文の引用関係などでは「論文 A で，論文 B が参考文献として引用されている」が，「論文 B では，論文 A は参考文献として引用されていない」ということは往々にしてあります。このように方向性のあるリンクは有向リンクと呼ばれます。逆に上の例のように方向性がないリンクを無向リンクと呼びます。

●── ε-NN ネットワーク

　上の例では，SNS サイト上での友人関係や学術的論文の共著者関係など，ノード間の関係性の有無が明確に定義できる問題でした。一方で，そのようなノード間の関係性が「あり」か「なし」のように明確には定義できず，ある量

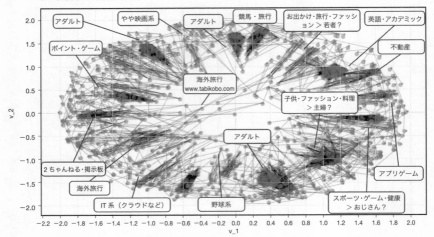

図 **6.14**　ユーザの閲覧履歴データを用いて可視化した **Web** サイト
のネットワーク

的変数によって定義される場合も考えられます。例えば，次のような例が考え
られます。

- Web サイト A と Web サイト B の関係性の強さを，これら両方を共に閲
  覧しているユーザの数で測るケース。この場合，Web サイト A と Web
  サイト B の両方を閲覧しているユーザ数が多いほど，これらのサイトの
  類似性は高いと考えられる。
- 研究者 A と研究者 B の関係の強さを，これらの研究者が共著で書いた論
  文の数で測るケース。共著者として協力して論文を書く件数が多い場合
  は，これらの研究者の関係性は強いと考えられる。

このようなノード間の関係性が連続的な数値で付与される場合，どの程度の
関係性の強さがあればノード間にリンクを貼ればよいのかという問題が生じま
す。この場合には，ノード間の関連性を表す数値がある値 ε 以上であれば，そ
のノード間にリンクを貼るという方法により，関連性の数値がある程度以上大
きい組み合わせのみにリンクを貼ったようなネットワークを構成することがで

きます。このようなネットワークの構成法を ε-NN ネットワークといいます。図 6.14 に，インターネット上の Web サイトの関係性について，共に閲覧しているユーザの数を用いて ε-NN（ε-nearest neighbor）ネットワークによって Web サイト間の関係性を可視化した例を示してみます（後藤 2019）。

　このように，多くの対象が複雑につながっているデータをネットワークで可視化すると，お互いに密に接続したノードのグループ（コミュニティ）の発見やネットワークの全体構造の把握につながります。このようなネットワークの可視化手法では，リンクが密につながっているノードを近くに配置し，つながりの薄いノード同士を遠くに配置するように描画されますので，視覚的にコミュニティを発見することが容易になります。

コラム⑥　データ分析を料理にたとえると……

　筆者は，よくデータ分析を料理にたとえて説明することがあります。例えば，ホームパーティーに招いた友人たちのために，あなたが「最高に美味しい料理を作ってあげたい」と考えたら，何から準備しなければならないでしょうか。まず，良質の素材が必要ですので，とにかくスーパー等に買い物に行かなければと考えるでしょうか。しかし，ちょっと待ってください。どんな料理を作るのかが決まらないと，どんな食材を買えばよいのかも決まらないでしょう。すなわち，完成形である料理をまず決めて，そのレシピ（必要な食材と調理プロセス）を知る必要があり，そのもとで必要な素材を調達する必要があるのです。そして，その食材を加工し，調理し，美味しい料理に仕上げるためのさまざまな調理器具も必要であることに気づくでしょう。

　一方，遠方の親戚から新鮮な鮭が丸々 1 本贈られてきて，「さて，この食材を使ってどんな料理を作ろうか」と考えている状況ではどうでしょうか。この食材を最大限に活用して作れそうな美味しい料理を色々と考えるのではないでしょうか。そして，そのためには別の食材を足す必要もあるでしょう。色々な調理器具も必要になることもわかります。このように，目の前にある食材から，さまざまな料理を作り上げるシチュエーションは，先のパーティーにおけるメニュー決めとは逆のプロセスで考えていることになります。

　さて，実はデータ分析も同じです。最近は，ID-POS システムやオンラインショッピングサイトの普及により，顧客の購買履歴データやユーザの Web ページのクリック情報など，さまざまなデータが大規模に収集されることが多くなりました。

これらのデータは，いわば料理の素材であり，食材です。この素材が良質であるのか，ほとんど役に立たないものであるのか，それはわかりません。どんな料理を作るのか，そのためにどんな調理器具が使えるのかにかかっているからです。もちろん，どんなにうまく料理しても美味しい料理にはならない食材もあります。同様に，どんなに頑張って分析をしようとしても，結果として何も導くことができないようなデータもあるはずです。

　料理と同様に，データ分析においても，「完成形である料理メニュー」に相当する「データ分析の目的」，すなわち，「データを使って何を示したいのか，何をしたいのか」を明確に定義することが極めて重要です。それによって，その後の「分析プロセス」「分析手法」「分析結果の可視化」「考察」「報告書の作成」などの流れが決まるといっても過言ではありません。料理に例えると，

- 分析目的 ⇒「料理」「メニュー」
- データ ⇒「食材」「素材」
- レシピ ⇒「分析目的を達成するための手順と必要なデータの仕様書」
- 調理プロセス ⇒「分析プロセス」「分析手順」
- 調理器具 ⇒「統計分析手法」「機械学習」「分析ツール」
- 盛り付け ⇒「結果の可視化」「結果の解釈・考察」「報告書や発表資料の作成」

のようなイメージで対応させて考えておくと，料理を作るイメージで，データ分析の全体像を捉えることができるでしょう。昨今は，これらのうち「調理器具」に相当する分析技術として，「機械学習」やそれを実装するための Python などのツールが重視されたり，ビッグ・データという言葉が流行しているように，素材である「データ」のみに光があてられることもありました。しかし，よく考えてみると，明確な「料理」や「メニュー」を定め，そのための正しい「レシピ」を手に入れないと，美味しい料理を作ることが極めて困難になります。このことからも，データ分析においても「分析目的」や「レシピ」，そして最後の盛り付けにあたる「結果の可視化」や「結果の解釈・考察」，そしてこれらを含んだ「報告書や発表資料の作成」までの全体が重要であることが理解できるでしょう。

　料理を創作し，さまざまな食材を駆使して，相手に喜ばれる美味しい料理を振る舞うことができたときの感激はひとしおです。データ分析も同じです。飛びっきり美味しい料理を作るように，最高の素材であるデータを駆使し，最高の分析結果を作り上げるプロセスを楽しめるようになれば，きっと優れたデータサイエンティストに一歩近づいていることでしょう。

📝 課　　題

① データ分析における「分類の問題」と「回帰の問題」の違いについて説明してみましょう。

② 分類のための統計的手法の代表例を挙げ，それぞれの特徴を説明してみましょう。

③ 回帰のための統計的手法の代表例を挙げ，それぞれの特徴を説明してみましょう。

📚 参考文献

久保拓弥（2012）『データ解析のための統計モデリング入門――一般化線形モデル・階層ベイズモデル・MCMC』岩波書店。

後藤正幸（2019）「ユーザの行動履歴データを活用したネットワーク分析」『オペレーションズ・リサーチ 経営の科学』64（11）：671-678。

小西貞則（2010）『多変量解析入門――線形から非線形へ』岩波書店。

永田靖・棟近雅彦（2001）『多変量解析法入門』サイエンス社。

生田目崇（2017）『マーケティングのための統計分析』オーム社。

平井有三（2012）『はじめてのパターン認識』森北出版。

Bishop, M. Christopher（2011）*Pattern Recognition and Machine Learning*, 2nd printing, Springer.

SAIRA Blog（2021）『t-SNE を使った MNIST データの次元削減・可視化』https://www.sairablog.com/article/python-tsne-sklearn-matplotlib.html

第7章

データ活用のフレームワーク

本書の第2章から第6章までで，データを分析するまでの一通りの説明は終了です。本章では，データを分析するにあたり，どのように進めるべきか，目的の設定から評価までについて，説明を行います。データ分析は，分析のアルゴリズムの研究といった基礎的な研究以外は，組織が抱えている何らかの課題を解決するために行います。そのため，分析者は分析の目的を十分に理解しておく必要があります。分析はそれぞれの部分を独立して行うのではなく，一連の流れとして実行します。その際，円滑に分析を進めるには，分析の目的を常に意識し，作業を行うことが重要です。

1 データ分析の進め方

●── データ活用のフレームワーク

データを分析する背景には何らかの目的があります。ここで注意したいのは，その目的が1つではなく「管理者の目的」「分析者の目的」のように，2つに分けられる点です。それぞれの目的には，所属する組織・部門が存続するための目標，企業であれば，「売上を上げる」「利益を上げる」「リスクを下げる」の3つの大きな目標のもとに設定されます。「管理者の目的」とは，「データ分析の結果をどのように活用するのか」といった，活用を意識した目的です。先に挙げた，組織の目標を達成するために，具体的に何を行うかという目的です。例えば，売上金額を○％上げたいという組織の目標に対して，「現状の購買人数を維持する」「顧客1人当たりの購買点数を増やす」などの目的を立てます。この目的を考えるにあたり，売上金額の構造を分解して，どの要素に働きかけを行うのかを考えます。

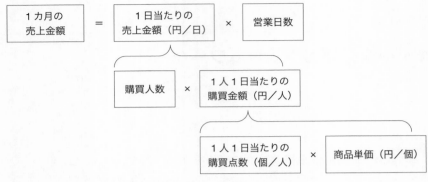

図 **7.1**　売上金額の分解

　売上金額は，図 7.1 のように分解することができます[1]。この図 7.1 の式の右辺にある要素，例えば，「購買人数」を増やすのか，もしくは「1 人当たりの購買点数」を増やすのかといったことを決めてから，どのような分析を行うのかという「分析者の目的」を設定します。

　「管理者の目的」を達成するためには，その目的に見合った正しい手法を選び，迅速に分析することが必要です。この正しい手法を選択し，その手法をもとに分析を実施することが「分析者の目的」になります。データを分析するには，第 6 章の表 6.2 にあるような分析手法や，もう少し単純化すると，「判別（Classification）」「クラスタリング（Clustering）」「回帰（Regression）」「連関（Association）」「要約（Summarization）」の 5 つに分けることができます（Executive Office of the President 2014）。第 6 章で説明したように分析手法は，さまざまな手法が提案されています。

　自社の顧客において，どのような要因が顧客セグメントの形成に影響を与えているのか理解したいときは，セグメントが割り振られた変数を，目的変数（従属変数）として，判別分析や決定木を用いて分析します。どちらの手法も，グループを分ける要因について，どの変数が効いているか示してくれますが，その内容は異なります。判別分析と決定木では，判別方法が異なり，判別分析では関数による識別境界を用いて領域を分割しますが，決定木ではそれぞれの

---

[1]　図 7.1 の式の左辺の売上金額が，第 6 章で述べた KGI（Key Goal Indicator），右辺が KPI（Key Performance Indicator）にあたります。

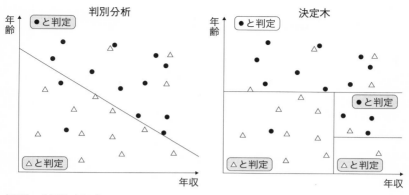

（出所） 生田目（2008）。

図7.2　判別分析と決定木による判別方法の違い

変数の閾値で，目的変数を分割していきます（図7.2参照）。したがって，分析者はどのような手法を用いると設定した目的が達成できるのかについて，十分に理解しておく必要があります。また，データによって使える手法と使えない手法があります。例えば，決定木という手法には，アルゴリズムの異なる複数の手法が提案されています。C4.5という手法では，エントロピーを用いて分類を行う手法ですが，目的変数（従属変数）には連続量のデータを用いることができません。なお，第6章で述べたように状況に応じてランダムフォレストのようにより改善された手法を用いることもあります。

　実際に，データを分析する人は，図7.3のようなステップを踏んで分析するでしょう。図7.3において，左がデータを活用する際の一般的なフローになります。図7.3の右のフローが，左の各ステップに対応する第8章で説明する分析事例のステップになります。

　企業においてデータを分析する業務は，通常，分析担当者が1人で行うのではなく，チームで行うことが多いでしょう。なぜ，チームで行うのかというと，先に述べたように分析の目的には，管理者の目的と分析者の目的があり，それぞれの目的に関連した，知識，スキル，手段のすべてを持っている人は少ないという現実があります。例えば，マーケティング部門の担当者は，自社のブランドAの売上を向上させる意味，その効果について理解し，そのために

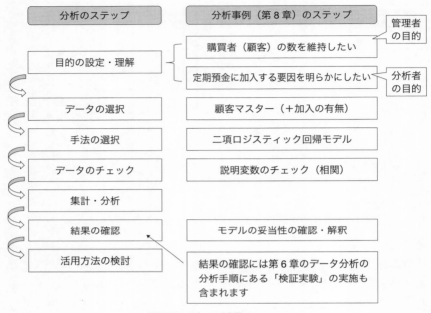

図7.3　データ活用のフロー

図7.1で示した要素の中で，どの要素に働きかけるべきかを理解しているでしょう。しかし，その問題を解決するために，どのようなデータを，どのような手法を用いて分析すればよいのかといった知識を，持ち合わせているとは限りません（第6章で言及したようにさまざまな手法があり，それぞれの手法の特徴を理解しておく必要があります）。もし，持ち合わせていても，実際にデータを分析する時間がないため，実行することはかなり難しいでしょう。一方で，分析担当者は問題を解決するために，どのようなデータを，どのような手法で分析すればよいのか，得られた結果を読み取る際の注意点などは理解していますが，その結果を用いて，店頭のプロモーションを行うといった「売上を上げる」ための手段は持ち合わせてはいません。そのような手段を持っているのは，事業部の担当者になります。データを分析して課題を解決するためには，それぞれの知識とスキルを持ち寄って協力する必要があります。

　データ分析の担当者が最初に考えなければいけない点は，提示された「管理者の目的」から具体的な分析のイメージを描き，想定される結果までも含めて

データ分析全体をデザインする（設計と言い換えてもよいでしょう）ことです。加えて，チーム内の他部門のメンバー間で，分析のイメージを共有し，メンバーが想定していた内容と合致しているかについて，確認する必要があります。先に説明したように，目的には2種類ありますが，メンバーそれぞれは自分たちの役割を持って，データ分析の業務に参加しているため，分析担当者が想定している内容と異なることがあります。分析全体のイメージを擦り合わせずに分析を進めると，結果的には他のメンバーにとっての目的が達成されず，分析自体が社内で利用されることは難しくなるでしょう。結果が利用されなければ，目標に対して貢献したということはできません。分析を通して，自社に貢献するのであれば，少なくともチームの中で，分析のイメージを共有し，内容を理解してもらう必要があります。

2 データ分析の評価

●── 目的と評価

　先に分析の目的には，「管理者の目的」と「分析者の目的」の2つがあると述べましたが，分析の評価もそれぞれの目的に応じて行います。「管理者の目的」は，当該の部門の「売上を上げる」「利益を上げる」「リスクを下げる」といった組織の「目標」に関し，分析した結果が貢献できたか否かが，分析に対する評価になります。「分析者の目的」では，分析した結果を理解するときに，どの程度，目的に沿った結果が得られたか，意思決定に利用できるほどモデルがデータの実状を表現できているのか，また，推定した結果が意味を持つのかという点について評価します。そのため，「管理者の目的」における分析の評価では，事業に関する知識をもとに評価し，「分析者の目的」における分析の評価では，統計学や機械学習などの分析手法に関する知識をもとに評価します。

　ここで問題となるのは，分析の評価としては満足できても，「管理者の目的」からすると，分析の目的を果たしていないことがあります。そのような分析は，自社の活動に貢献することができない結果になります。そのため，分析を担当する人は，自分の分析が自社にとって，当該の部門にとってどのような

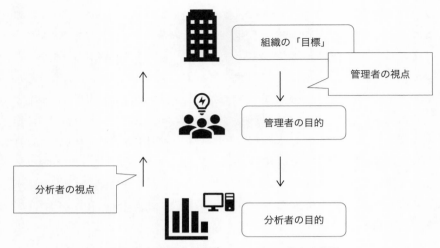

図 **7.4**　分析者と事業部のメンバーの視点の差異

意味を持つのか理解し，分析を進める必要があるでしょう。分析担当者は，図7.4 にあるように，分析結果を下から上に見てその内容を確認するだけではなく，上から下の流れでも，分析した内容を確認する必要があります。事業部のメンバーは，管理者の視点から分析結果を確認するので，分析した結果をまとめたレポートには，分析した結果がどのように活用できるのかといった，次の行動に関する項目が必要となります（分析した結果だけでは不十分でしょう）。

●── 分析結果の評価

　一方で，分析の担当者は，自分が行った分析自体の評価をすることも，業務の 1 つになります。例えば，何らかのモデル[2]を仮定して分析を行うことは，分析業務の中でもかなりの割合を占めると思いますが，その際に注意するべき点は，モデルとデータの乖離がどの程度であるかという点です。乖離が大きいモデルであれば，そのモデルから得られるルール，知見を実際に用いることは控えたほうがよいでしょう。

　チームで案件を進める際，分析者には分析結果を冷静に評価する姿勢が求め

2　ここでいうモデルとは，「データの背後にある，何らかのルール，知見を発見するために，複雑な現実を式などで簡略化したもの」のことです。

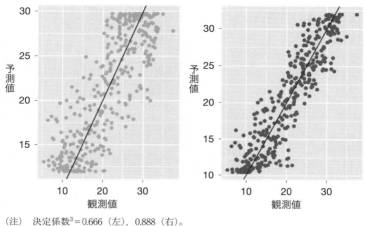

（注）　決定係数[3] ＝ 0.666（左），0.888（右）。

図 7.5　実際の値（観測値）と予測値の散布図

られます。たとえ，事業にとって興味深い分析結果が得られたとしても，その結果に対する信頼性が低ければ，その点についても明確に伝える必要があります。また，分析者以外のメンバーは，チーム内で分析に関する知識を最も有しているのが分析者であるため，分析者の意見については尊重するべきでしょう。最も慎まなければいけない態度は，結果の面白さだけで分析を評価することです。分析結果は客観的な基準を用いて判断し，「面白さ」のような曖昧な基準を用いて判断するべきではありません。

●── 評価の方法

回帰モデルを用いて分析した結果を手軽に評価する方法は，x 軸に「実際のデータ（観測値）」，y 軸に「モデルにより推測されたデータ（予測値）」の散布図を作成することです（分類問題の場合は，予測結果の {0, 1} と実際の結果の {0, 1} の組み合わせである 4 パターンの数値を 2 行 2 列の表で表した混同行列〔Confusion Matrix〕が用いられます）。もし，モデルがデータの変動を十分に説明できているのであれば，散布図の点は 45 度線上に集中するはずですが，45 度線から乖

3　決定係数については，本章の後半で説明しますので，そちらを参照してください。

図 7.6　ホールドアウト法と交差検証法

離する点が多ければ，モデルがデータの変動を十分に説明していないことになります。図 7.5 の左の散布図に比べ，右の散布図は点が直線（45 度線）の付近に布置されており，左の図よりも右のほうが，モデルによる実際のデータの変動を説明していることになります。

　先に述べた方法以外では，「実際のデータ」と「モデルにより推測されたデータ」の差を誤差とし，誤差の 2 乗[4]の和（残差平方和：Residual Sum of Squares）を求め，その大きさから判断するという方法や，分析用のデータを 2 つに分け，1 つはモデルを作成する際に用い，残りのデータを作成したモデルに当てはめ，どの程度当てはまるのか確認する方法があります。これら 3 つの手法は，簡単に分析したモデルを評価できるという利点がありますが，注意すべき点もあります。散布図では，どの程度当てはまりがよいのか，数値で定量的に理解することができず，明確な基準でモデルの良し悪しを判断することができません。誤差の二乗和は，数値で判断できますが，散布図と同じように，「この値であればよい」といった絶対的な基準がなく，モデル間で比較して初めてそれらの良し悪しがわかるものであり，単独では使用できません。

　モデル間の比較に，先述したようにデータを学習用のデータとテスト用のデータに分割して評価する方法があります。この方法には，大きく分けて 2 つ

4　誤差は，実際のデータとモデルにより推測されたデータの差となるので，正の値の誤差と負の値の誤差が生じます。そのため，単純に誤差を足し合わせると，正と負で相殺され，計算した結果が小さな値として得られる可能性があるため，二乗した結果を集計します。また，この値をデータの数で割ったものを平均二乗誤差（Mean Square Error）といいます。なお，この値を用いてモデルを比較した例を第 8 章で示します。

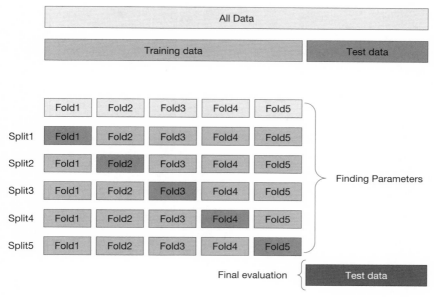

（出所）　scikit-learn の HP，https://scikit-learn.org/stable/modules/cross_validation.html

図7.7　3つに分割したデータによる検証方法

あります。図7.6の左のようにデータを2つに分ける方法（この方法をホールド
アウト法といいます[5]）と，右のようにk個に分ける方法を交差検証法（データ
をk個に分けているので，k-分割交差検証法〔k-fold cross-validation method〕と
も呼ばれます）の2つがあります。他の方法として，第9章で説明する leave-
one-out 交差検証法があります。なお，最近では，モデルの複雑化に対応する
ため，データを学習用データ，チューニングするデータ，テストデータのよう
に3つに分割してモデルを評価する場合があります（図7.7参照）。

　また，データ分析を評価する際に，実際のデータとモデルの間の乖離を考え
るだけではなく（モデルが実際のデータの変動をどの程度再現しているか），分析結
果がどのような意味を持つのか，どの説明変数が結果である従属変数に影響
を及ぼしているのかという，モデルの内容の理解，解釈における評価もありま
す。さらに，同じ目的であれば，構造がシンプルなモデル，説明変数が少ない

---

[5]　この方法を two-holdout method と記述している書籍もあります（Larose and Larose
　2019）。

モデルのほうが，実務において管理しやすく，複数のモデルの中で，どれを評価するのかという視点も重要です。

　北川ほか (2005) が指摘した，分析の評価視点を参考にすると以下の 3 点にまとめることができます。1 つは実データへのモデルの当てはまり（再現性），もう 1 つは分析結果が何らかの意味を持つのかという，内容の評価です。最後に複数のモデル間における相対的な評価です（最良のモデルの選択）。

- モデルの当てはまり（再現性）
  - ・決定係数
  - ・的中率（Hit Rate）
  - ・ROC（感度分析）
- 推定した結果が意味を持つのか（検定による評価）
  - ・F 検定
  - ・尤度比検定
  - ・t 検定
- モデルの比較
  - ・AIC
  - ・BIC
  - ・交差検証法

●── 回帰モデルの当てはまりの評価

　回帰分析を行った後に，決定係数や推定したパラメータの t 値を確認することは，分析した結果が統計的に意味を持つのか（有意なのか）という評価にあたります。決定係数の確認は再現性の確認であり，推定したパラメータの t 値を確認することは内容の評価にあたります。t 値によって統計的な有意性が認められる説明変数が，従属変数に影響を与えている（回帰係数が 0 ではない）と判断できますので，これらの有意になった説明変数とその回帰係数からモデルが意味するところを理解することができます。これらの「分析者の目的」に対する評価を行った後，「管理者の目的」に沿って分析結果を評価します。例えば，ある商品の価格と販売数量の POS データを用いて，回帰分析により価格

と販売数量の関係を明らかにし，100 円を下回る価格であれば，数量が伸びるという結果が得られたにしても，100 円を下回る価格では利益がほとんど出ない水準であれば，その分析結果が事業に与える意味はほとんどありません。

　先に示した 3 項目は，分析した結果を解釈する際に，必ず確認するべきことです。3 項目の各指標について，重回帰分析を例にとりながら説明しましょう。用いる分析用のソフトウェアにより，分析結果として得られる指標に若干の差はありますが，概ね，決定係数（R^2），F 検定の結果，回帰係数の推定結果は得られます。決定係数とは，もとのデータの分散を回帰分析で用いたモデル（式）で，どの程度再現できるか示したものです。いま，データ Y_i の平均を $\bar{Y}$ とし，回帰分析で予測される値を $\hat{Y}_i$ としたとき，決定係数は以下の式で表すことができます。

$$R^2 = \frac{\sum_{i=1}^{N} \left(\hat{Y}_i - \bar{Y} \right)^2}{\sum_{i=1}^{N} \left(Y_i - \bar{Y} \right)^2}$$

　もし，分析に用いた回帰分析の式が，もとのデータを予測する精度が高ければ，Y_i と $\hat{Y}_i$ の値が近くなるため，R^2 の値は 1 に近い値になります。反対に，予測の精度が低ければ，Y_i と $\hat{Y}_i$ の値が乖離するため（乖離する ＝ 誤差が大きくなる ＝ 結果的に R^2 の値が小さくなる），R^2 の値は 0 に近い値になります。推定に用いたモデルがどの程度，実際のデータの変動を表しているかを理解する際，R^2 の値に 100 を掛けて ％ で考えると理解しやすいでしょう。なお，決定係数には，調整済決定係数（Adjusted R-squared）という指標もあります。重回帰分析のモデル式において，説明変数が多い場合，この指標の値を参考にモデルの当てはまりを判断します。

　決定係数以外にもモデルの当てはまりを評価する方法があります。モデルの当てはまりのよさとは，モデルによるデータの再現性の高さであり，モデルを用いて，説明変数の値を代入した際に，推定した値ともとの従属変数の値との差が小さければ（従属変数の値が再現されれば），当該のモデルは実データの変動を十分に説明できていることになります（図 7.5 の散布図による図示も同じことを意味しています）。そのような指標に的中率（Hit Rate）があります。個々の説明変数よりもモデル全体の説明力に関心がある際は，的中率を用いてモデルを

表 7.1　モデルと実際のデータ

		実際		合計
		1	0	
モデル	1	a	c	$a+c$
	0	b	d	$b+d$
合計		$a+b$	$c+d$	$N(=a+b$ $+c+d)$

評価することが多いでしょう。

●── 分類モデルの当てはまりの評価

例えば，二項ロジスティックモデルであれば，従属変数の値は 0 と 1 です（第 8 章の分析事例で述べられている，従属変数が 2 値の分類問題に用いる分析手法です）。モデルから推定した値を 0 と 1 に振り分け[6]，表 7.1 のように分類します。元データの値が 1 で，モデルで推測した値も 1 であったデータの数が「a」になります。このような表は混同行列（Confusion Matrix）と呼ばれています。この表 7.1 における，a ならびに d データの総数 N を用いた，$\dfrac{a+d}{N}$ が的中率となります。この値は 0〜1 の間の値をとり，1 に近いほど，モデルによる再現性が高い（当てはまりのよい）モデルです。

的中率に類似したモデル評価に ROC 曲線（Receiver Operating Characteristic curve）があります。従属変数の真偽を判定するモデルにおいて，モデルで判定した結果と実際の結果（データの従属変数）の関係は表 7.1 のようにまとめられますが，表 7.1 において「a」のセルはモデルでも 1 であり実際の値でも 1 であるため，真の値となります。0 に関する真の値は「d」のセルになります。「d」も同じように真の値となります。「d」に対し，「c」は，本来は 0 であるが，モデルで 1 と判断しているため，モデルの結果からすると偽りの値ということになります。確率モデルでは 1 と 0 を判断する際に，カットポイントを決めて判断します。的中率ではカットポイントを 0.5 に固定し，求められた

---

[6]　二項ロジスティックモデルは確率モデルのため，推定した値は 0 から 1 の実数です。通常，閾値を 0.5 として，それ以下でしたら 0，それよりも大きければ，1 に分類します。この閾値の設定については第 8 章を参照してください。

Cutpoint	Sensitivity	Specificity	1-Specificity
0.05	100.0	1.6	98.4
0.10	95.2	19.7	80.3
0.15	84.8	38.4	61.6
0.20	76.8	55.2	44.8
0.25	64.0	68.5	31.5
0.30	62.4	76.5	23.5
0.35	48.8	82.9	17.1
0.40	39.2	88.0	12.1
0.45	29.6	92.3	7.7
0.50	17.6	94.9	5.1
0.55	8.8	96.8	3.2
0.60	3.2	98.1	2.9
0.65	2.4	99.5	0.5
0.70	0.0	99.5	0.5
0.75	0.0	100.0	0.0

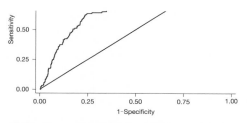

（出所）　Hosmer, Lemeshow, and Sturdivant（2013）.

図7.8　ROC曲線のイメージ

$a,\ b,\ c,\ d$ の値から的中率を計算します。

　ROC の場合は，この真偽の判断の基準であるカットポイントを変えて，$a,\ b,\ c,\ d$ の値を計算し，誤っている割合（$\dfrac{c}{c+d}$）に対し，真の割合（$\dfrac{a}{a+b}$）を2次元上にプロットして得られる曲線が ROC 曲線です（図7.8参照）。図7.8の左の表では，この正解の割合を Sensitivity[7]と表記しています（この割合を「真陽性率」ともいい，正解が真であるデータのうち，モデルの推定値も正しく真となっているものの割合のことです。第8章も参照してください）。Specificity は $\dfrac{d}{c+d}$ を表し，観測したデータの中で，「偽」であったデータがモデルで正しく「偽」であった比率を表しています。したがって，1−Specificity は正解が偽であるデータのうち，モデルの推定値が誤って真としてしまっているものの割合を表しています（この割合を「偽陽性率」といいます）。

7　Sensitivity を「感度」，Specificity を「特異度」といいます。

　ROC 曲線を作成するメリットの 1 つは，AUC（Area Under the Curve）という値で定量的にモデルを評価できる点です。AUC とは ROC 曲線の下の面積で，AUC を比較することで異なるモデルの性能を評価することができます（AUC の面積が大きいほうが，正しく判別できる性能のよいモデルです）。

　また，分析結果を評価するにあたり，予測した値と実測値の両方をプロットする際に，分位数を用いる方法があります。例えば，QQ プロットと呼ぶ手法では，データを 0 から 100% 点までの分位数に分け，分位数の組み合わせごとにプロットしていきます。また，データを布置する際に，累積確率を用いる方法もあり，これを PP プロットと呼びます。2 つのデータの分布が，どの程度一致しているかについて視覚的に判断することができますが，同じ種類の分布を判断する際は，QQ プロットを用います。回帰分析を行った結果に関して，残差の QQ プロットで確認することがありますが，これはデータが正規分布しているかを確認するために行います。

●── 検定による評価

　2 番目の指標である推定した結果が，意味を持つのかという問題については，推定した回帰係数が 0 となり，従属変数に影響を与えない（＝ 意味を持たない）か否かを確認することと同じ意味です。その方法は 2 つあります。1 つは，推定したパラメータ全体を確認する方法と，もう 1 つは推定した個々のパラメータに関して確認する方法です。回帰分析では，前者が F 検定にあたり，後者がパラメータの t 検定にあたります。

　F 検定では，推定するパラメータ全体に対し，以下のような帰無仮説[8]を検定します。

---

[8]　本書では詳しく述べませんでしたが，推測統計の最も基本的な技法は「仮説検定」です。仮説検定は，さまざまな仮説の真偽について観測されたデータから結論を導いてくれますが，そのために，ある確率分布が成り立つことを仮定し，この確率分布が正しいときに観測データが従うであろう確率計算を行います。この仮説が成り立つと仮定して，観測されたデータが起こる可能性を確率的に評価することで，その仮説が確率的に妥当であるといえるのか否かを検定することができるのです。このように，仮説検定で最初に仮定する仮説は観測データから（できれば）棄却したいという意図で設定されるものであり，「無に帰したい」という意味を込めて「帰無仮説」と呼ばれています。仮説検定について詳しく学びたい方は，永田靖（1992）などを参考にしてみてください。

$$\text{帰無仮説}：\beta_1 = \beta_2 = \cdots = \beta_i = \cdots = \beta_N = 0$$

　この帰無仮説が受容されるとき（5% 水準の検定であれば，有意確率が 0.05 以上）[9]は，推定したパラメータすべてが 0 となり意味を持ちません（＝ パラメータが 0 であれば，どのような説明変数でも 0 となり，結果に対して影響を与えません。その意味で意味を持たないということです）。また，この検定は，定数項のみの回帰式と定数項 ＋ 説明変数の回帰式を比較し，説明変数を含めたほうがもとのデータの変動に対し，説明力があるということと同じであり，一般化線形モデルなどで用いられる尤度比検定と同じことです。

　後者は推定するパラメータに対し，回帰分析では，以下のような統計量を考えて検定を行います。

$$t = \frac{\hat{\beta}_i - 0}{SE(\hat{\beta}_i)}$$

　このときの帰無仮説は $\hat{\beta}_i = 0$ になります[10]。回帰分析をはじめとした線形モデルでデータを分析する目的の 1 つが，説明変数が目的変数（従属変数）に影響を与えているかを確認することであるので，この帰無仮説が棄却されるか否かを確認します。

　データを分析する際に，検定を用いることがよくあります。そのため，データのサイズが大きいほうが，推定結果は安定する傾向にありますが，注意すべき点もあります。例えば，検定した結果について，p 値を用いて判断することが多いと思いますが，データのサイズが大きくなるとこの判断に注意が必要です。p 値は統計量に基づいて計算されますが，この統計量は以下の式にあるように標本サイズに比例します。

$$\text{統計量} = \text{標本サイズ} \times \text{効果量}$$

　したがって，効果量を固定すると，データのサイズが大きくなればなるほ

---

[9] F 検定において帰無仮説が受容されるときは，決定係数 R^2 の値も極めて低くなります。

[10] $\hat{\beta}_i = 0$ とは，結果（従属変数の変動）に対する説明変数の影響力が 0 であることを意味します。

ど，統計量が大きくなり，p 値が小さくなり有意になりやすくなります。すなわち，どんな小さな効果量（＝ 現実問題として，ほとんど効果がないといってもよいくらいの小さな効果量）であっても，データのサイズが大きいと有意になる可能性があります。大きなサイズのデータを分析する際は，上の式を頭に入れて，分析結果を判断したほうがよいでしょう。なお，この問題については，大久保・岡田（2012）に効果量の意味から丁寧に解説されていますので，詳しく知りたい方は，一読することをお勧めします。

●── モデルの比較

複数のモデルを作成し，その説明力が最も高いモデルを選ぶには，何らかの基準が必要です。その際，注意したいのは，モデル自身の複雑さと説明力のトレードオフの関係です。実務でモデルを用いる場合，単純なモデルのほうが管理しやすいというメリットがあります。Akaike（1973）は，真の分布とモデルのカルバック・ライブラー（Kullback-Leibler）情報量が小さいほうが望ましいという発想から，モデルの複雑さと当てはまりのよさのトレードオフの関係を表す指標である，AIC（Akaike Information Criterion：赤池情報量規準）を提案しました。AIC は以下のように定義することができます。

$$\text{AIC} = -2 \times 対数尤度 + 2 \times パラメータ数$$

モデルの対数尤度が大きくなることは，真のモデルとの距離が小さくなることです。−2 を掛けているので，当てはまりのよいモデルの AIC の第 1 項の値は小さくなります。一方，モデルの説明変数が多くなると見かけ上の当てはまりがよくなりますが，第 2 項でパラメータ数の 2 倍の値を足しており，当てはまりのよさとモデルの複雑さのバランスをとっています。よって，AIC の値が小さいものは，少ない説明変数で当てはまりのよい，効率的なモデルであり，複数のモデルの中で最良のモデルを選ぶ際の基準となります。AIC の他に，BIC（Bayesian Information Criterion：ベイズ情報量規準）やベイズモデルが用いられる，DIC（Deviance Information Criterion：逸脱度情報量規準）や WAIC（Widely Applicable Information Criterion：広く使える情報量規準）があります。

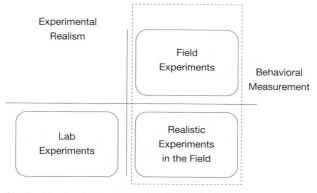

（出所） Morales, Amir, and Lee（2017）より筆者作成。

図 7.9 フィールド実験の全体イメージ

●── 分析の評価と経験

モデルを用いて分析することは，何らかの目的と制約のもとに実施されます。例えば，ある要因に対する効果を純粋に確認したいのであれば，その要因以外を統制してデータを収集する必要があります。そこで得られたデータをモデルを用いて分析し，分析結果からその要因の効果を確認できたとしても，リアルな世界において，この分析結果が意味を持つかについては，必ずしも保証できません。リアルな社会で意味を持つのかを確認するには，現実の世界（フィールド）で実験してみる必要があります。

ビッグ・データの時代になり，さまざまな人の行動データが収集される現在では，フィールド実験が以前よりも行いやすくなりました。フィールド実験を行う目的は，図 7.9 にあるように，人々の行動をよりリアリティの高い環境で確認するためです。

フィールド実験は，現実の状況下でモデルを評価することで，仮説を確認でき，特に，インターネット上では大規模な実験を行うことができ，工夫によっては，実験にかかるコストの変動費を抑えることができます。ただし，信頼性の高いデータを得るには，ただ実験を行うのではなく，いくつかの点を考慮しながら行う必要があります。

第 1 の注意点として，評価の基準がない場合は，比較を通して分析するべ

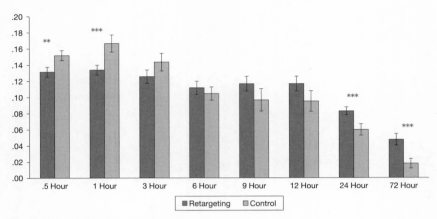

（出所）　Li et al.（2021）の Figure 2 より。

図 7.10　買い物終了後の経過時間とメールの効果

きという点です。分析結果は何らかの基準によって判断しますが，その基準が
ない場合は少なくありません。そのため，比較する対象は必ず用意するべきで
す。図 7.10 は Li et al.（2021）が EC サイトの利用者に対し，いつメールを
送ると再び購入してもらえるのかに関してフィールド実験を通して明らかにし
たものです。このグラフを見ると時間が経過すると購入率が減少するように見
えますが（縦軸は購入率），対照群（図 7.10 の Control）とメールを送付したグル
ープ（図 7.10 の Retargeting）を比較すると購入中止直後は，対照群のほうが
購入率が高く，時間が経過するに従い，その数字が逆転します。このように，
比較する対象をもとに結果を判断することが重要になります。

　第 2 の注意点は，フィールド実験は実験室で行う実験のように，確認した
い項目以外の要素を統制することはできません。そのため，得られたデータに
は，確認したい効果以外の要素が含まれる場合があります。そのような要因を
排除できるよう実験計画を組む必要があります。例えば，1 つの地域や店舗に
おいて実験を行えば，実験から得られたデータの中には，実験で確認したい効
果の他に，地域や店舗の効果が含まれる可能性があります。地域や店舗の効果
を除いて，純粋に実験で確認したい項目の効果を測定するには，少なくとも，
2 つの地域もしくは店舗を用意する必要があります。場所を 2 カ所用意したと
しても，A の地域は高齢者が多く，B の地域では弱年齢層が多ければ，実験の

結果に参加者のバイアスが掛かる可能性がありますので，できるだけ条件の近い店舗を選ぶ必要があります。

コラム⑦　外部か内部か

「データサイエンティストが不足している」と時折耳にします。この話題と同時に問題となるのが，データサイエンティストを社内で育成するのか，社外からスカウトするのかという問題です。データを分析するという業務だけに限れば，知識と経験が豊かな外部の人をスカウトするほうが有効でしょう。ただ，この章の前半で触れたように，データを分析する担当者は，分析の目的だけではなく，組織において何が重要なのかを理解している必要があります。つまり，データサイエンティストには，「分析」と「組織」に関する知識，理解が求められます。例えば，マーケティングのように，分析から得られた結果を用いて自社のさまざまな部門と連携する必要がある場合，必要とされる知識は，「分析＜組織」になるので，自社内で育成したほうが効率的でしょう。

自社内でデータサイエンティストの育成を考えてもよい理由として，組織の内部にいる人間は，当該の組織が提供する商品・サービスが「好き」だからという点が挙げられます。商品やサービスが好きであれば，それらに関連するデータ分析にも主体的に取り組み，おのずと分析に関する知識や経験が蓄積されるでしょう。データサイエンスに関連する知識は狭いものではなく，また，日々，新しい知識・手法が開発・提案されています。それらの知識を吸収するため，データサイエンティストは主体的に学び続ける必要があります。もし，自社の商品・サービスが好きな人であれば，この学習に対する動機を維持することはそれほど難しくはないでしょう。「馬を水辺に連れて行けても，水を飲ませることはできない」という諺の通り，本人のやる気は，外部からの刺激だけでは難しいものがあります。

また，内部でデータサイエンティストを育成するもう1つのメリットは，候補者の特徴を理解できる点があります。よく，データサイエンティストになるには，統計学や機械学習などの知識がどの程度必要なのかと尋ねられますが，個人的な感想として，それらの知識と同じくらい，データサインエンティストには，物事に対しどの程度集中力があるのか，地道な作業を根気よく続けることができるかといった持続力が大事であると考えています。集中力や持続力は誰かに教えてもらって身につけるものではありません。自分で高めるための努力が必要です。この集中力や持続力をどの程度持ち合わせているか，短時間の面接やテストで見抜くことは容易ではありませんが，日々の業務を通じて観察することで，ある程度理解できるでしょう。

　「好きこそものの上手なれ」という言葉がありますが，好きであるから，集中力を維持し，粘り強く作業ができるかと思います。集中力や根気があるなら，多少時間が掛かっても，統計学や機械学習の知識を習得することは，それほど難しいことではないでしょう。

✎ 課　　題

① 　マーケティングでは顧客をいくつかの小グループ（セグメント）に分割することはよく行われますが，どのような分析手法が利用できるかを調べてみましょう。
② 　交差検証法で，2 つではなく，k 個に分けて行うメリットは何でしょうか。
③ 　分析する前に，対照群とテスト群を比較する際には，どのような点に注意するべきでしょうか。

参考文献

大久保街亜・岡田謙介（2012）『伝えるための心理統計——効果量・信頼区間・検定力』勁草書房。

北川源四郎・岸野洋久・樋口知之・山下智志・川崎能典（2005）『モデルヴァリデーション』共立出版。

永田靖（1992）『入門 統計解析法』日本技連出版社。

生田目崇（2008）「決定木分析によるマーケット・セグメンテーション」中村博編著『マーケット・セグメンテーション——購買履歴データを用いた販売機会の発見』白桃書房：157-184。

Akaike, H. (1973) ''Information Theory and an Extension of the Maximum Likelihood Principle,'' Proceedings of the 2nd Internationarl Symposium on Information Theory, Budapest, 267-281.

Executive Office of the President (2014) *Report to the President Big Data and Privacy: A Technological Perspective.*

Hosmer, D. W. Jr., S. Lemeshow, and R. X. Sturdivant (2013) *Applied Logistic Regression*, 3rd ed., Wiley.

Larose, C. D. and D. T. Larose (2019) *Data Science Using Python and R*, Wiley.

Li, J., X. Luo, X. Lu, and T. Moriguchi (2021) ''The Double-Edged Effects of E-Commerce Cart Retargeting: Does Retargeting Too Early Backfire?,'' *Journal of Marketing*, 85 (4)：123-140.

Morales, A. C., O. Amir, and L. Lee (2017) "Keeping It Real in Experimental Research: Understanding When, Where, and How to Enhance Realism and Measure Consumer Behavior," *Journal of Consumer Research*, 44 (2) : 465-476.

第8章

データの分析事例

本章では，実際のデータを使って分析を行った事例を通じて，分析モデルの理解を深めます。読者の皆さんも同じデータを用いて分析の確認ができるように，インターネット上で公開されているデータを用い，回帰問題と分類問題に分けて，いくつかの分析手法を適用した結果について紹介します。

1 回帰問題のデータ活用事例

ここでは，いくつかの説明変数と量的変数で与えられる目的変数との関係性をモデル化する回帰問題について，データ解析の事例に基づき，具体的な活用イメージについて述べます。

●── 対象とするデータセット

ここでは，Python 上で機械学習や多変量解析を実行できるオープンソースライブラリである scikit-learn（`https://scikit-learn.org/stable/`）で公開されている Boston House-price Data Set を用いて回帰分析の具体例を紹介しましょう。このデータは，アメリカのボストンにある住宅の価格に関するデータです。Boston の各地域にある 506 の住宅価格の中央値に対して，その地域の「犯罪発生率」や「NOx 濃度」など 13 の指標が与えられています。これらの住環境指標が住宅価格に与えている影響を分析することが 1 つの分析目標となります。目的変数は「MEDV：住宅価格の中央値（1000 ドル単位）」，説明変数は次のような変数からなる多変量データです。

1. CRIM：人口当たり犯罪率

2. ZN：25,000 平方フィート以上の住居用途地区の割合（広い家の割合）

3. INDUS：小売以外の産業用途地区の割合

4. CHAS：チャールズ川に関するダミー変数（1：川沿い，0：それ以外）

5. NOX：NOx 濃度（10 ppm 単位）

6. RM：1 戸当たり部屋数

7. AGE：1940 年以前の持家物件の割合

8. DIS：ボストンの 5 つの職業紹介所への加重平均距離

9. RAD：主要高速道路へのアクセス性

10. TAX：10,000 ドル当たりの固定資産税額

11. PTRATIO：生徒対教師の比率

12. B：$1000 \times (Bk - 0.63)^2$（Bk は町における黒人の割合）

13. LSTAT：低所得層の人口割合（%）

これらの説明変数はすべて量的変数で，506 行 ×13 変数のレコードからな

表8.1　基本統計量（Boston house-prices Data Set）

	平均	標準偏差	最小値	最大値
CRIM	3.6135	8.6015	0.0063	88.9762
ZN	11.3636	23.3225	0.0000	100.0000
INDUS	11.1368	6.8604	0.4600	27.7400
CHAS	0.0692	0.2540	0.0000	1.0000
NOX	0.5547	0.1159	0.3850	0.8710
RM	6.2846	0.7026	3.5610	8.7800
AGE	68.5749	28.1489	2.9000	100.0000
DIS	3.7950	2.1057	1.1296	12.1265
RAD	9.5494	8.7073	1.0000	24.0000
TAX	408.2373	168.5371	187.0000	711.0000
PTRATIO	18.4555	2.1649	12.6000	22.0000
B	356.6740	91.2949	0.3200	396.9000
LSTAT	12.6531	7.1411	1.7300	37.9700

るデータとなっています。これらの基本統計量を表 8.1 に示します。

●── 全変数を用いた重回帰分析による要因分析

　対象データでは各変数の平均値や分散が大きく異なるため，平均 0，分散 1 に基準化[1]してから回帰分析を行いました。重回帰モデルの回帰係数の推定は最小二乗法によって，モデルの予測値と実際の値の二乗誤差を最小化するように行われます。ここでは，得られた回帰モデルの予測精度を検証するため，データをランダムに学習データ 404 件とテストデータ 102 件に分割し，学習データで回帰モデルを推定して，テストデータに当てはめてその予測精度を評価してみます。

　最小二乗法によって得られた回帰係数（標準回帰係数）の一覧を表 8.2 に示します。この回帰モデルの学習データに対する決定係数（寄与率）は 0.773，自由度調整済み決定係数（自由度調整済み寄与率）は 0.765，テストデータに対する決定係数（寄与率）は 0.589 となりました。寄与率の観点からは，データに対する回帰モデルの当てはまりは，悪くない印象です。また，学習データに対する平均二乗誤差は 19.326，テストデータに対する平均二乗誤差は 33.449 となりました。学習データに対する誤差よりも，テストデータに対する誤差が悪化していますが，これは一般的に見られる傾向です。統計モデルや機械学習モデルは，学習データに対する誤差を小さくするようにモデルが推定されるためで，学習データに対してはうまく予測できていて当然です。一方で，現実問題においてこのモデルが予測に利用できるか否かは，テストデータに対しても良好に予測可能であるかどうかで判断することができます。

　この回帰係数の推定結果より，次のような傾向がうかがえます。

- 「2 万 5000 平方フィート以上の住居用途地区の割合」や「主要高速道路へのアクセス性」という地域環境の指標は，住宅価格にプラス効果がある。

---

[1]　データ $x_1, x_2, \cdots, x_n$ の平均値 $\bar{X}$ と標準偏差 $\hat{\sigma}$ を用いて，$z_i = \dfrac{x_i - \bar{X}}{\hat{\sigma}}$ と変数変換して得られる $z_1, z_2, \cdots, z_n$ の平均は 0，分散は 1 になります。このような操作を基準化，もしくは標準化といいます。通常，重回帰分析で推定される回帰係数は，説明変数の単位のとり方でも大きく異なってしまいますが，データの基準化によってその影響を除去することができます。

表 8.2　重回帰モデルの回帰係数推定値

	特徴量	回帰係数	t 値	p 値
0	定数項	22.480	100.452	0.000
1	CRIM：人口当たり犯罪率	−1.026	−3.257	0.001
2	ZN：25,000 平方フィート以上の住居用途地区の割合	1.043	3.102	0.002
3	INDUS：小売以外の産業用途地区の割合	0.038	0.087	0.931
4	CHAS：チャールズ川沿いか否か	0.594	2.595	0.010
5	NOX：NOx 濃度（10 ppm 単位）	−1.867	−3.828	0.000
6	RM：1 戸当たり部屋数	2.603	8.106	0.000
7	AGE：1940 年以前の持家物件の割合	−0.088	−0.218	0.828
8	DIS：職業紹介所への加重平均距離	−2.917	−6.481	0.000
9	RAD：主要高速道路へのアクセス性	2.124	3.481	0.001
10	TAX：固定資産税額（10,000 ドル当たり）	−1.850	−2.825	0.005
11	PTRATIO：生徒対教師の比率	−2.262	−7.636	0.000
12	B：黒人比率に関する指数	0.740	2.749	0.006
13	LSTAT：低所得層の人口割合(%)	−3.516	−9.086	0.000

すなわち，広い家の割合や主要高速道路へのアクセス性が高まると，住宅価格は高くなる傾向がある。

- 「1 戸当たり部屋数」が増えるほど，住宅価格は高くなる。
- 「人口当たり犯罪率」「NOx 濃度」「職業紹介所への加重平均距離」「生徒対教師の比率」「低所得層の人口割合」は，住宅価格に対してマイナス効果がある。例えば，犯罪率や NOx 濃度が高まると，住宅価格は低くなる傾向がある。

ただし，上記の説明変数間には互いに相関がありますので，この点をきちん

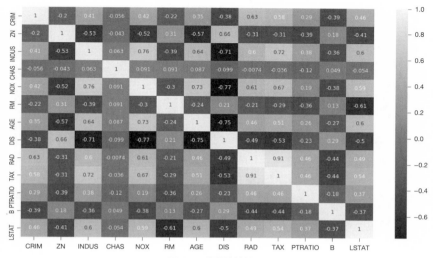

図 8.1　相関係数行列

と確認する必要があります。図 8.1 は，説明変数間の相関係数行列を可視化し
たものです。この図では，正の相関関係が強いほど図のセルの色が薄く，逆に
負の相関関係が強いほどセルの色が濃くなるように示されています。

　この図を見ると説明変数によっては互いに強い相関が見られることがわかり
ます。このような場合，推定された回帰係数は信頼性が低い可能性があるので
注意が必要です。

●—— 説明変数の選択

　先の重回帰モデルでは，与えられた 13 個の説明変数すべてを使って 1 つの
重回帰モデルを推定していました。実際には，不要な説明変数をモデルから取
り除き，目的変数に寄与する重要な説明変数のみを選択して重回帰モデルを構
築することにより，精度の高いモデルを得るとともに，重要要因を特定するこ
とができます。これは学習データに最もフィッティングするモデルを選択する
統計的モデル選択の問題になります。

　通常，重回帰モデルの説明変数の選択では，「どの説明変数をモデルに入れ
て，どの説明変数をモデルから除くか」の組み合わせをすべて列挙すると，説

明変数の数を d として，$2^d - 1$ 個のモデルが考えられます。これらのすべてのモデルに対して，AIC や自由度調整済み寄与率などのモデルのよさを測る基準を計算して比較しなければなりません。説明変数が 13 個の場合，その組み合わせの数は $2^{13} - 1 = 8191$ になります。この程度の数であれば，すべての組み合わせを調べ上げることも可能ですが，通常の分析では，説明変数を増減させながら，よいモデルを探していくステップワイズ法が用いられます。

　AIC で説明変数を選んだ場合の回帰モデルでは，変数から INDUS と AGE が削除されます。これは，表 8.1 より，全変数で回帰モデルを構築した際の回帰係数の p 値を見ると INDUS と AGE が大きい値をとっており，統計的に有意となっていないことからも自然と推察できる結果です。AIC の値は，全変数を用いた場合の 2371 から，2 変数を削除した場合は 2367 へと改善します。なお，この AIC や BIC といったモデル選択のための基準は，学習データの数が多いとかなり大きい値をとり，かつモデルに用いる変数を変化させても，その値が半分になるといった劇的な変化はしません。この点には十分な注意が必要です。AIC や BIC はその数値の絶対値に意味があるわけではなく，値が少しでも改善していれば意味があると考えましょう。

　AIC 基準によって，説明変数から INDUS と AGE が削除された後の重回帰モデルの学習データに対する決定係数（寄与率）は 0.773，自由度調整済み決定係数（自由度調整済み寄与率）は 0.767 と，自由度調整済み決定係数が多少ですが改善します。また，学習データに対する平均二乗誤差は 19.329 と全変数の重回帰モデルより多少値が悪くなりますが，テストデータに対する平均二乗誤差は 33.424 と多少改善します。このように，説明変数を適切に選択すると，すべての説明変数を用いた場合よりは学習データへの当てはまりが悪くなりますが，テストデータに対する予測精度を改善できることがあります。一般に，学習データへの当てはまりが最もよくなるのは全説明変数を用いた場合になりますが，本来，不要な説明変数までをモデル構築に用いてしまうと，予測精度の悪化につながってしまうのです。

　表 8.3 に，説明変数を選択した場合の回帰係数，t 値，p 値の一覧を示します。

　このように，適切な変数選択を行うことで，すべての回帰係数に対する p 値は非常に小さい値となり，統計的にも意味のある回帰係数が重回帰モデルに取

表 8.3　重回帰モデルの回帰係数推定値

	特徴量	回帰係数	t 値	p 値
0	定数項	22.481	100.719	0.000
1	CRIM：人口当たり犯罪率	−1.025	−3.265	0.001
2	ZN：2 万 5000 平方フィート以上の住居用途地区の割合	1.052	3.182	0.002
4	CHAS：チャールズ川沿いか否か	0.595	2.615	0.009
5	NOX：NOx 濃度（10ppm 単位）	−1.887	−4.209	0.000
6	RM：1 戸当たり部屋数	2.587	8.269	0.000
8	DIS：職業紹介所への加重平均距離	−2.897	−6.906	0.000
9	RAD：主要高速道路へのアクセス性	2.116	3.672	0.000
10	TAX：固定資産税額（10,000 ドル当たり）	−1.826	−3.141	0.002
11	PTRATIO：生徒対教師の比率	−2.262	−7.762	0.000
12	B：黒人比率に関する指数	0.733	2.746	0.006
13	LSTAT：低所得層の人口割合（%）	−3.543	−9.848	0.000

り込まれていることがわかります。

●── 機械学習モデルによる予測モデル構築

　先に示した重回帰モデルは，説明変数と目的変数の関係に線形関係を仮定したモデルです。そのため，直線的な線形関係ではなく，非線形な構造が含まれている場合には，より複雑なモデルを用いることで予測精度が向上する可能性があります。そこで同じデータを用いて，伝統的な重回帰モデルではなく，機械学習を駆使して予測モデルを構築してみましょう。ここでは，ランダムフォレスト回帰（RF 回帰）と勾配ブースティング系のアルゴリズムの一種である LightGBM（Light Gradient Boosting Machine）を用いて，予測モデルを構築してみます。

　これらの機械学習アルゴリズムは，いくつかのパラメータを設定する必要がありますが，ここでは次のように設定してあります。

表 8.4　目的変数の予測値と実測値の平均二乗誤差の比較

	重回帰モデル	RF 回帰	LightGBM
学習データ	19.326	1.344	0.075
テストデータ	33.449	19.372	23.062

- RF 回帰：木の本数＝1000，木の最大深さ（max_depth）＝ 設定なし
- LightGBM：ブーストラウンド数（num_boost_round）＝500，連続して性能が改善しなかった場合にブーストを停止させる回数の条件（early_stopping_rounds）＝ 30

　以上のような設定で，学習データ 404 件に対して RF 回帰と LightGBM を実行し，テストデータ 102 件に対する予測精度を用いて，予測モデルとしての性能を比較してみたものが，表 8.4 です。

　この結果，線形モデルである重回帰モデルよりも，機械学習モデルのほうが予測性能面で優れていることがうかがえます。このことは，この対象データが説明変数に比例して目的変数が増減するような単純な線形関係ではなく，何らかの非線形な関係性を持っていることを示唆しています。また，機械学習の 2 手法では，学習データに対しては LightGBM の当てはまりが最もよい反面，テストデータに対する予測精度の面では，RF 回帰が優れていることがわかります。これは，LightGBM が勾配ブースティング系の強力な機械学習モデルである反面，過学習を起こす場合もあることを示しています。もちろん，LightGBM のパラメータを試行錯誤的に最適化して予測精度を向上させる余地もありますが，404 件という比較的少ない学習データに適用していることが 1 つの原因ともいえます。LightGBM ではブースティングという考え方を使って，学習データに強力にフィッティングできるわけですが，ある程度の学習データ数は確保する必要があるでしょう。

　次に，各説明変数が，どの程度，目的変数の予測に寄与しているかを分析してみましょう（説明変数は標準化しているため，分析したモデル間で推定結果を比較することが可能です）。重回帰モデルでは，説明変数の偏回帰係数の大きさや t 値が，その説明変数の寄与度を表す指標とみなすことができました。RF 回帰

表 8.5　各説明変数の重要度の比較

	特徴量	重回帰 偏回帰係数	RF 回帰 重要度	LightGBM 重要度
1	CRIM：人口当たり犯罪率	**−1.0264**	0.0402	**0.1316**
2	ZN：2 万 5000 平方フィート以上の住居用途地区の割合	**1.0433**	0.0012	0.0104
3	INDUS：小売以外の産業用途地区の割合	0.0375	0.0075	0.0357
4	CHAS：チャールズ川沿いか否か	0.5940	0.0007	0.0095
5	NOX：NOx 濃度（10ppm 単位）	−1.8665	0.0216	0.0466
6	RM：1 戸当たり部屋数	**2.6032**	**0.3941**	**0.1645**
7	AGE：1940 年以前の持家物件の割合	−0.0878	**0.1298**	**0.1163**
8	DIS：職業紹介所への加重平均距離	**−2.9165**	0.0391	**0.1389**
9	RAD：主要高速道路へのアクセス性	**2.1240**	0.0033	0.0139
10	TAX：固定資産税額（10,000 ドル当たり）	**−1.8503**	0.0152	0.0306
11	PTRATIO：生徒対教師の比率	**−2.2621**	0.0236	0.0446
12	B：黒人比率に関する指数	0.7397	0.0095	0.0798
13	LSTAT：低所得層の人口割合(%)	**−3.5156**	**0.4310**	**0.1775**

や LightGBM では，各変数が予測モデル構築にどの程度，寄与しているかを表す指標として「重要度」という指標が用意されています。これらの重要度を，重回帰モデルの偏回帰係数と合わせて示したものが，表 8.5 になります。ただし，「重要度」という指標は，その機械学習モデルに用いた説明変数の中で相対的な重要性を表しており，ある説明変数に対する RF 回帰の重要度と LightGBM の重要度の数値をそのまま比較することはできません。

　この結果で興味深いのは「AGE：1940 年以前の持家物件の割合」の重要度です。重回帰分析の偏回帰係数では大きな寄与は示していませんでしたが，RF 回帰と LightGBM では重要度が高くなっています。これは，「AGE：1940 年以前の持家物件の割合」という説明変数は，この変数単体では目的変

数に対する比例関係にはありませんが，非線形な関係，もしくは他の説明変数との交互作用によって目的変数に影響を与えていることが示唆されるということになります。

2　分類問題のデータ活用事例

分類問題とは，いくつかの説明変数と質的変数で与えられる目的変数との関係性をモデル化する問題です。ここでは，分類問題の例について，データ解析の事例を用いて具体的な活用イメージを説明します。

●── 対象とするデータセット

ここでは，分類問題のデータ例として，UCI Machine Learning Repository で公開されている Bank Marketing Data Set のデータセット（`https://archive.ics.uci.edu/ml/datasets/bank+marketing`）を用いて，データ分析と活用を進めるイメージについて説明します。このデータは，ポルトガルの金融機関の電話によるダイレクトマーケティングに対する顧客の反応に関するデータです。分類の目的は，電話によるキャンペーンを受けた顧客が，定期預金に加入するか否かを予測することになります。目的変数 y は 0 と 1 の 2 値をとる離散変数で，定期預金に加入する場合を $y = 1$，加入しない場合を $y = 0$ と定義しましょう。一方，対象顧客が定期預金に加入するか否かを予測するために用いる説明変数としては，以下の変数が用意されています。

1. Age：年齢（量的変数）
2. Job：職業タイプ（質的変数：「役員」「ブルーカラー」「起業家」「家政婦」「管理者」「退職者（リタイア）」「自営業」「サービス」「学生」「技術者」「失業者」「不明」）
3. Marital：配偶者の有無（質的変数：「離婚」「既婚」「シングル」「不明」，注：「離婚」は離婚または未亡人を意味する）
4. Education：学歴（質的変数：「小学校第 1 課程（1〜4 年）」「小学校第 2 課程

(5, 6 年)」「中学校」「高校」「読み書きができない」「職業学校」「大学」「不明」)

5. Default：デフォルト（不履行）の有無（質的変数：「あり」「なし」)

6. Housing：住宅ローンの有無（質的変数：「あり」「なし」)

7. Loan：個人ローンの有無（質的変数：「あり」「なし」)

8. Campaign：対象キャンペーン期間中に対象顧客に対して行われた連絡回数（量的変数：最後の実施も含む）

9. Previous：対象キャンペーンより以前に対象顧客に対して行われた連絡回数（量的変数）

UCI Machine Learning Repository で公開されている Bank Marketing Data Set のデータセットではデータ数は 4 万 5211 件ですが，ここでは，上記の説明変数に欠損がないデータ 4 万 3193 件を分析対象とします。また，そのうち定期預金に加入した顧客（正例）は 5021 件，加入しなかった顧客（負例）は 3 万 8172 件です。定期預金に加入しなかった顧客のデータのほうがかなり多いアンバランスなデータであることに注意しておきましょう。一般に，ビジネスデータやマーケティング分析などで分類問題を対象とすると，興味の対象となる正例が相対的に少なくなることがしばしば起こりますので，このデータのアンバランス性の問題をどう取り扱うのかは大切な観点になります。ここでは，4 万 3193 件のデータを，学習データ 3 万 4554 件とテストデータ 8639 件に分割し，3 万 4554 件の学習データでモデルを構築して，8639 件のテストデータに対する分類精度によってモデルの予測精度を検証します。

●── ロジスティック回帰分析による離反要因分析

　3 万 4554 件の学習データでロジスティック回帰モデルを推定し，8639 件のテストデータに対して予測を行い，予測モデルとしての精度を検証してみます。ロジスティック回帰モデルは，説明変数の入力に対して，目的変数 y の値を $(0, 1)$ の範囲の連続値で出力します。この出力 y の値は，説明変数の値が定められたもとで目的変数が $y = 1$（正例）である確率を推定していると解釈できます。そのため，この確率が 0.5 以上であれば目的変数は $y = 1$（正例），0.5 未満であれば目的変数は $y = 0$（負例）であると推定する方法は自然な考

表 8.6　予測結果の正誤表（閾値 0.5 の場合）

		予測結果の値	
		0	1
テストデータ の正解値	0	7608	17
	1	1004	10

表 8.7　予測結果の正誤表（閾値 0.12 の場合）

		予測結果の値	
		0	1
テストデータ の正解値	0	5093	2532
	1	392	622

え方になります。この 0.5 という値は，予測値を得るための閾値となっています。

　表 8.6 は，ロジスティック回帰の出力が 0.5 以上であれば $y = 1$，0.5 未満であれば $y = 0$ と予測した場合のテストデータに対する正誤表を示しています。このとき，正解率は 0.882 となっており，ロジスティック回帰モデルのテストデータに対する正解率は 88.2% と高水準であると考えられます。

　しかし，この場合，ロジスティック回帰の予測結果は，ほぼ「$y = 0$」と予測している（8612 件を 0，27 件を 1 と予測）ことに注意しましょう。これは，もともと，定期預金に加入した顧客（正例）が 5021 件，加入しなかった顧客（負例）が 3 万 8172 件と，正例と負例の数がアンバランスであるために起こる現象です。すなわち，もともと正例（$y = 1$）が 11.6%，負例（$y = 0$）が 88.4% のデータであるため，例えば，すべてのデータを $y = 0$ を予測値としても 88.4% の正解率を示してしまいます。そのため，正解率のみを基準とした予測を考えるとしばしば意味のない結果を生んでしまいます。しかし，通常，このような事例では少数派の正例のほうに分析の興味があることがほとんどでしょう。この例でいうと，当然「定期預金に加入しない顧客（$y = 0$）」よりも，「定期預金に加入する顧客（$y = 1$）」のほうが分析の対象として重要です。

　そこで次に，ロジスティック回帰の出力が 0.12 以上であれば $y=1$，0.12 未

満であれば $y = 0$ と予測することを考えてみましょう。この場合のテストデータに対する正誤表を表 8.7 に示します。ここで，閾値を 0.12 とした理由は，全データ数に対する正例（$y = 1$）のデータの割合が 11.6%（約 12%）であったためです。

　このとき，正解率は 0.662 まで落ちてしまいますが，テストデータに含まれる正例の正解（$y = 1$）である 1014 件のうち，622 件をロジスティック回帰モデルで検出できており，この検出できている割合は 622/1014 = 61.3% となっています。電話による顧客へのコンタクトのコストが非常に高いものでなければ，一般には「定期預金に加入する顧客」を取り逃さないことのメリットが大きいため，このように正例を検出することに重点を置いた予測モデルも利用価値が高いといえます。

　ここでは，学習データの正例と負例の数に偏りが大きい場合の問題について述べましたが，このデータのアンバランスさの問題は頻繁に起こりますので，常にチェックが必要といえます。モデルを推定する際にデータがアンバランスなままモデル構築を行うと，多数派のデータが相対的に重視された学習となりますが，分析目的の観点からは少数派データのカテゴリのほうにより分析上の興味がある場合が多くあります[2]。このような理由から，学習データセットが「正例」と「負例」で均等になるようにデータに操作を加えてから，統計モデルを構築することもよく行われます。その場合によく使われる方法は，「多いほうのカテゴリのデータを間引いて少なくするアンダーサンプリング」と「少ないほうのカテゴリのデータから，新たにデータを増やすオーバーサンプリング」という方法になります。

　表 8.8 に，学習によって得られたロジスティック回帰モデルの回帰係数の一覧表を示します。推定された回帰係数のうち，正の係数となった変数は「Previous：以前のキャンペーンで対象顧客に対して行われた連絡回数」「Education_secondary：中学卒業」「Education_tertiary：高校卒業」

---

[2] 例えば，「迷惑メール」と「普通のメール」を識別する分類器を構築しようとした場合，単純に過去の電子メールからランダムサンプリングすると「迷惑メール」のほうが少数派になるかもしれません。しかし，この場合，分析上の興味の対象は「どのようなメールが迷惑メールであるか？」という点にあり，これは少数派カテゴリの特徴を明らかにすることが分析目的になるでしょう。

表 8.8　ロジスティック回帰モデルの回帰係数推定値

	特徴量	回帰係数
1	Age	0.0583
2	Campaign	−0.3799
3	Previous	0.2775
4	Job_blue-collar	−0.1406
5	Job_entrepreneur	−0.0937
6	Job_housemaid	−0.0762
7	Job_management	−0.0852
8	Job_retired	0.0894
9	Job_self-employed	−0.0615
10	Job_services	−0.0852
11	Job_student	0.0674
12	Job_technician	−0.0972
13	Job_unemployed	0.0182
14	Marital_married	−0.0441
15	Marital_single	0.1252
16	Education_secondary	0.0972
17	Education_tertiary	0.2299
18	Default_yes	−0.0808
19	Housing_yes	−0.3953
20	Loan_yes	−0.2044

「Job_retired：退職者 (リタイア)」です。これらの変数は，対象顧客が定期預金に加入する可能性を高める方向に寄与する変数といえます。一方，負の回帰係数を持つ変数は「Housing_yes：住宅ローンがあり」「Campaign：今回のキャンペーンで連絡をした回数」「Loan_yes：ローンあり」「Job_blue-collar：ブルーカラー職」であった。以上のことから次のようなことが推察できます。

表8.9 分類正解率の比較

モデル	学習データ	テストデータ
ロジスティック回帰（閾値＝0.5）	0.883	0.885
ロジスティック回帰（閾値＝0.12）	0.662	0.651
RF（閾値＝0.5）	**0.903**	0.883
RF（閾値＝0.12）	0.777	0.713
LightGBM（閾値＝0.5）	0.859	**0.946**
LightGBM（閾値＝0.12）	0.836	0.689

- 教育レベルが「中卒」や「高卒」の顧客は，定期加入を促すキャンペーンに反応しやすい。
- すでに退職（リタイア）した顧客も，定期加入を促すキャンペーンに反応しやすい。
- 「以前のキャンペーンでコンタクトをとった回数」は定期加入の可能性を高めるが，「今回のキャンペーン期間内でのコンタクト回数」はマイナス効果である。すなわち，今回のキャンペーン期間内で，何度も顧客に電話連絡をすることは効果がない，もしくはマイナス効果である。

●── 機械学習モデルによる離反顧客予測モデルの構築

ここでは，ロジスティック回帰モデルではなく，機械学習モデルを用いて同じデータを分析した例を示します。ここでも，ランダムフォレスト（RF）とLightGBMを使ってみましょう。これらの機械学習モデルのパラメータの設定は，回帰問題の場合と同じく次のように設定してみました。

- RF回帰：木の本数＝1000，木の最大深さ（max_depth）＝設定なし
- LightGBM：ブーストラウンド数（num_boost_round）＝ 500，連続して性能が改善しなかった場合にブーストを停止させる回数の条件（early_stopping_rounds）＝ 30

なお，分類問題では，モデルの出力は [0,1] の範囲の連続値をとることにな

りますが，それがある閾値以上であれば 1，閾値に満たなければ 0 と判別することができます。モデルの出力は 1 である確率を推定したものとみなすこともできますので，閾値としては 0.5 がとられることも多いのですが，先に示したように 0 と 1 のデータ数に大きな偏りがある場合には，この閾値を調整することでより有用な分類器を構成できる場合もあります。

　この結果によれば，学習データに対する当てはまりではランダムフォレストの閾値が 0.5 の場合が最も優れており，テストデータに対する分類精度では，勾配ブースティング系の LightGBM の閾値が 0.5 の場合が最も優れています。一般に，分類問題では最終的にテストデータの個々に対して 1 か 0 の判別をするわけですが，その判別は設定する閾値に依存します。すなわち，閾値を高く設定して 1 である可能性が高いデータのみ 1 と判定すると，1 と判定したデータの正解率は高まると考えられますが，逆に 0 と判定したデータの中に正解が 1 であるデータがたくさん残ってしまいます。逆に，閾値を低く設定して 1 である可能性が低いデータも 1 と判定するようにすると，多くの 1 が正解であるデータを正しく 1 と判定するようになると期待できますが，その他の 0 が正解であるデータに対しても 1 と誤分類してしまうと考えられます。このように，閾値の変更によって，分類器の精度は大きく影響を受けます。この閾値の設定に依存しない分類器の評価法としては，第 7 章でも言及した ROC 曲線（Receiver Operating Characteristic curve）と AUC（Area Under the Curve）がよく知られています。

　ROC 曲線は真陽性率（True positive rate）と偽陽性率（False positive rate）を組み合わせて作成した曲線で，曲線が左上に位置するほど，分類器の性能がよいことを示しています。すなわち，閾値を変更すると真陽性率と偽陽性率が変化しますが，これらにはどちらかを改善しようとすると，他方が悪化してしまうようなトレードオフの関係があります。分類器の性能としては，より小さい偽陽性率でより高い真陽性率が得られる状況が好ましいということになります。この状況を視覚的に確認するために可視化したものが ROC 曲線といえます。図 8.2 と図 8.3 に，テストデータに対する実際の ROC 曲線を示します。

　これらの ROC 曲線を見ると，若干ですが，LightGBM の ROC 曲線のほうが左上側にあることが見てとれます。ROC 曲線は，より小さい偽陽性率

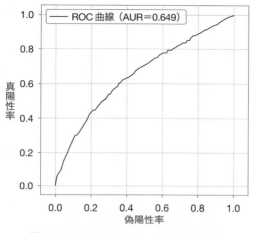

図 8.2 ランダムフォレストの ROC 曲線

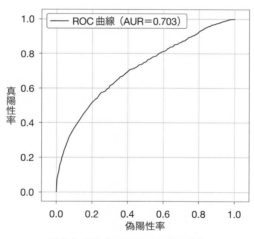

図 8.3 LightGBM の ROC 曲線

でより高い真陽性率が得られるという意味で，この曲線の下側の領域（AUR: Area under ROC curve）が広いほど，分類器の性能が優れていることを表しています。この AUR の値は，ランダムフォレストが 0.649 であるのに対し，LightGBM では 0.703 となっていますので，やはりこの問題に対しては

LightGBM のほうが優れた分類器であるといえるでしょう。

3　分析上の注意点

　本章では，回帰問題の例題と分類問題の例題について，基本的な多変量解析の手法である重回帰分析やロジスティック回帰分析の結果に加えて，ランダムフォレストと勾配ブースティング系の LightGBM という機械学習アルゴリズムを適用した結果について示しました。これらのデータは，機械学習や多変量解析を実行できるオープンソースライブラリである，scikit-learn や UCI Machine Learning Repository で公開されているデータですので，単純な線形モデルの適用よりも機械学習を用いることで精度が向上するような事例でした。しかし，ランダムフォレストと LightGBM のテストデータに対する予測精度については，回帰問題の問題ではランダムフォレストが優れ，分類問題では LightGBM が優れているという結果になりました。このように機械学習の手法は，問題によって優劣が異なる場合がかなりあります。機械学習には，これらの他にもさまざまな手法があり，どんどんと新しいアルゴリズムも提案されていますが，冷静に対象問題に対して最も適した手法を選択する必要があるといえるでしょう。実際の問題では，学習データと検証用のテストデータに分け，さまざまな機械学習アルゴリズムを適用してテストデータに対する予測精度が最も高い手法を選択するべきです。ただし，同程度の予測精度であれば，重回帰モデルやロジスティック回帰モデルなどの線形構造をベースとしたモデルの解釈性は極めて高く，実務でも扱いやすいため，これらのよりシンプルなモデルを選定すべきです。機械学習アルゴリズムには，いくつかの設定しなければならないパラメータがあることがほとんどで，これらの設定も精度に大きく影響を与えますので，そのような試行錯誤的なパラメータ探索が必要ない多変量解析手法は，その点でも実務では有用になります。

　以上のように，統計分析や機械学習の手法は，常にすべての対象問題で優れている万能な手法が存在するわけではなく，分析者がその都度，適切に選択する必要があることは頭に入れておきましょう。

━━ コラム⑧　数字を実感として捉える ━━━━━━━━━━━━━

　物事を客観的に捉えるためには，データを見て考える力を鍛えることが必要不可欠です。このような場合のデータとは，何らかの形にまとめられた統計的な数値であることがほとんどでしょう。例えば，店舗別の月次の売上額の推移を比較しながら，各店舗の状況を分析する際に見ているのは，各日の売上を月ごとに合計した合計値，すなわち統計的に計算された数値（確率統計の言葉でいうと統計量）です。

　このような数値データを見て分析する際に，重要なスキルの1つとして「この数字，何かがおかしい」「こんなはずではないのでは？」と数字のおかしさに気づくことができる能力があります。例えば，単純な集計ミスによって数字が間違っていることに気づかず，そのまま分析や考察を進めてしまったら，間違った意思決定に結びついてしまうでしょう。また，現場で起こっている問題に起因するデータの異変に気づかなかったら，そのときに対処していれば大事に至らなかった問題を放置し，問題をさらに拡大してしまうかもしれません。数字のおかしさに気づくこと，逆にいえば，数字がおおよそ想定内のものであるか否かを確認するという態度が，本当に重要なことであるといえます。

　さて，数字のおかしさに気づくための第一歩は，目の前の数字を鵜呑みにせず，本当にそのような数字が妥当なものであるのかを自分の頭で確認する癖をつけることです。各店舗の個別売上額と全店舗の売上額合計の表が出てきたら，まずは「その値は論理的に判断して妥当な数字であるか」を確認しましょう。各店舗の売上をすべて足したら，本当に全店舗の売上額合計の数値になっているでしょうか。厳密な計算ではなく，一番上の桁の足し算だけでしたら，暗算でも大体あっているか否かは判断できるでしょう。過去の各店舗の売上規模から考えて，目の前の数字は納得しうるような値になっているでしょうか。もし，過去の各店舗の売上規模を覚えていなかったら，過去のデータを取り出してきて読み返せばよいのです。最初のうちは，面倒くさがらずにそのような確認作業に取り組みましょう。段々と，数字を読む際に必要となる比較相手の数値（参照値）が頭に自動的に思い浮かんでくるようになります。そうすると，目の前の数値データが実感を持って理解でき，何らかの不自然さがあれば，すぐに気づくことができるようになるでしょう。

　また，ある新たな数字を見たときに，これを実感として理解するためにはいくつかのコツがあります。1つは，自分自身の身の回りにあるものにたとえて数字を解釈する方法です。例えば，2021年5月10日に日本経済新聞が「2020年度末，国の借金1216兆円と過去最大になる」というニュースを報じています。この1216兆円という数字ですが，実感を持って理解できるでしょうか。もし，「あなたが1万円を借りて参考書を買った」といわれれば，その1万円という借金の大きさがど

の程度であるかは，実感を持って理解できるのではないでしょうか。それは，あなたの収入の額（例えば，アルバイト代やおこづかいなど）と比較して，額の大小を比べられるからです。というわけで，1216 兆円という借金ですが，これを国の収入と比べてみましょう。2020 年度の国の収入は約 102 兆円ですが，そのうちの税収は 63.5 兆円です。すなわち，国の借金は，税収の 19 倍以上です。もし，あなたが月収 10 万円の学生であったら，年収は 120 万円ですから，実に 2280 万円の借金をしていることになります。年収が 500 万円の一般的なご家庭であれば 9500 万円の借金です。もちろん，住宅ローン等で，このくらいの借金をされているご家庭もあるかもしれませんし，この数字を大きいと考えるか，小さいと考えるかに正解はありませんが，少し実感を伴って理解ができるようになるでしょう。

　ちなみに，1216 兆円というお金ですが，これはどのくらい巨額なお金なのか……についても，なかなか実感を持って理解することは難しいかもしれません。これを身近なものに置き換えて考えるにはどうしましょうか。例えば，1 万円札にして積み上げたら，何メートルくらいになるかを考えてみたらどうでしょうか。大体，100 万円の札束は厚さにして 1cm くらいです。1 千万円はその 10 倍ですから 10cm，1 億円はそのまた 10 倍で 1m です。1 兆円は，1 億円の 1 万倍ですから，1 m × 1 万 = 1 万 m = 10 km です。つまり，1 兆円というお金は，軽々しく言葉にはできますが，1 万円札で積み上げると実に 10 km の高さになるお金なのです。では，1216 兆円は？　答えは，10 km × 1216 兆円 = 1 万 2160 km です。地球の大気圏の厚さは約 100 km ですから，軽く突き抜けて宇宙空間に積み上がっているでしょう。ちなみに，日本の北海道から沖縄までの南北の距離は約 3000 km です。もし，1216 兆円の札束を，日本の北海道から沖縄の間に横に並べるように積み上げたら 2 往復できてしまうということです。1216 兆円というお金の巨大さが実感できたでしょうか。このように，大きな数字は身近なものに換算して考えると，随分と見え方も変わりますし，また頭にも残るようになります。

　ちなみに，大気圏の厚さは 100 km といいましたが，この大気圏の厚さという数値も実感できるでしょうか。例えば，紙に直径 10 cm の円を描き，これを地球の大きさと見立てたとき，100 km の大気圏はどのくらいの厚さであるのか，想像して描いてみてください。その想像で描いた大気圏の厚さと，実際に計算して得た正解を比べてみましょう。正解は，地球の直径を 10 cm としたとき，大気圏の厚さは約 0.8 mm です。地球の直径は約 1 万 2800 km ですから，大気圏の厚さはその 0.781 %（= 100/12,800）ですので，直径 10 cm の 0.781 % は 0.781 mm というわけです。すなわち，直径 10 cm の球に対して，厚さが約 0.8 mm の薄皮一枚……これが地球の大気圏の厚さです。

① 　重回帰分析を行って得られた回帰係数の t 値や p 値を見ることで，どのようなことが考察できるのかについて説明してみましょう。

② 　回帰問題に対して，重回帰分析や機械学習を適用したとき，学習データに対する当てはまりとテストデータに対する予測精度は，一般にどのような関係になるかについて説明してみましょう。

③ 　分類モデルの評価に用いられる ROC 曲線は，どのような形状のときにモデルの当てはまりがよく，どのような形状のときに当てはまりがよくないのかについて，具体的な形状を示して説明してみましょう。

📚 **参考文献**

赤池弘次・甘利俊一・北川源四郎・樺島祥介・下平英寿著／室田一雄・土谷隆編（2007）
　『赤池情報量規準 AIC——モデリング・予測・知識発見』共立出版。

永田靖・棟近雅彦（2001）『多変量解析法入門』サイエンス社。

Bishop, M. Christopher（2011）*Pattern Recognition and Machine Learning*,
　2nd printing, Springer.

第9章

データ分析上の注意点と応用知識

　これまで見てきたように，あらゆる対象問題やデータに対して，常に最適な分析手法や機械学習の万能アルゴリズムは，少なくとも現状では存在していません。何らかの形で，分析者がデータ分析のためのモデルを駆使して，解きたい問題を解決するための枠組みをデザインする必要があります。本章では，ますます適用範囲が広がっているデータサイエンスの現状と将来展望についてまとめるとともに，さまざまな注意点や是非知っておきたい応用知識について述べます。

1 データサイエンスの応用範囲

　データサイエンスは，もともと広い分野で活用されてきた統計学をベースとしつつも，高度に発展した情報技術やデータ収集技術に加え，昨今の人工知能や機械学習といった先進的な分析技術とも融合して発展してきた学問です。その概念には，これまでの統計学が扱ってきたデータ以上に，情報化社会で取得可能となったさまざまなデータを活用するというニュアンスが込められていますが，基本的な統計学の学問基盤の重要性が失われるものではありません。統計学は，物理学や経済学，社会学，心理学，言語学といった基礎科学の理論を構築するために重要な役割を演じてきました。加えて，医学や薬学，工学，経営学，スポーツ科学，教育学などの応用科学分野においては，実証的な検証が必要不可欠であり，その意味において必須の学問になっています。近年になって，統計学やデータサイエンスという学問体系が脚光を浴びたのは，情報技術の発展によって大量，かつ多様なデータが蓄積される時代に突入し，これらのデータが企業経営の重要な資源として認識されるようになったためです。加えて，人工知能の学習アルゴリズムの能力と，計算機パワーとデータ量が揃った

ことで人工知能（AI）の性能が飛躍的に向上し，課題によっては人間を上回る性能を発揮し始めたことも理由の１つです。このようなデータサイエンスはさまざまな分野で必要不可欠な学問となっていますが，ここでは特にビジネスにおけるデータ活用の観点から，データサイエンスの応用場面について考えてみましょう。

　人工知能やビッグ・データが社会的に脚光を浴びる中，企業の多くはその技術やデータの活用を模索し，さまざまなビジネスの分野においてデータ活用が進められようとしています。EC サイトでは，ユーザの閲覧履歴や購買履歴などのデータを活用することで，購買の割合を高める施策が検討されています。リアルの店舗においても，ポイントカードやクレジットカードを活用して購買履歴情報が蓄積されるようになり，これらのデータの分析は珍しいことではなくなっています。消費者に販売した IoT（Internet of Things）製品は，インターネットを介して利用状況がデータとして収集できるため，その利用状況をデータ分析することで，さまざまな施策への連携が可能になると期待されています。

　本章では，このようなビジネスデータを対象とした，機械学習や人工知能などの先進的なデータ分析技術の活用に関する研究の現状と今後の展望について考察してみます。

●── AI の大成功とデータサイエンスブーム

　人工知能（AI）の成功は，一般消費者のみならず，企業人にも多大なインパクトを与えました。技術的には，深層学習というニューラルネットワーク分野でのブレイクスルーが，画像認識や囲碁・将棋ソフトなどの応用技術として圧倒的な性能向上を達成したことが大きな転機になったといえます。その背景には，コンピュータの飛躍的な性能向上とともに SNS などを通じて大量のデータが活用できるようになったことがあります。囲碁や将棋などのように，ルールが厳密に決まったゲームであれば，AI 同士の対戦を繰り返すことによって，勝利に導いた正解の手（教師データ）をいくらでも作り出すことができます。画像認識の技術が飛躍的に向上した背景にも，インターネット利用の拡大に伴い，大量の画像データが容易に手に入る時代となったことがあるのです。

このような AI の応用技術は，すでにインターネット社会で必要不可欠なものとなっています。

　一方，ビジネスにおける AI 自体のブームは過ぎ去ろうとしているのも事実です。昨今では，AI の代わりにデジタルトランスフォーメーション（DX）という言葉がビジネス誌をにぎわしています。経済産業省の定義（経済産業省 2019）では，DX は「企業がビジネス環境の激しい変化に対応し，データとデジタル技術を活用して，顧客や社会のニーズを基に，製品やサービス，ビジネスモデルを変革するとともに，業務そのものや，組織，プロセス，企業文化・風土を変革し，競争上の優位性を確立すること」とされており，すなわち，AI 技術だけに焦点を当てるのではなく，企業全体のデジタル改革という観点に興味が移ってきているといえます。実際，画像認識や囲碁・将棋ソフトといった応用分野における深層学習の大成功は，あらゆる分野において，大規模なデータの分析を通じた価値の創造を期待させましたが，一方でそれだけで解決できる問題ばかりではないことも徐々に明らかになってきました。しかし，AI の技術がそれ自体のみで大きな脚光を浴び，多大な期待を抱かせるという意味でのブームは去ったとしても，これらの技術を企業の競争力強化のために活用していこうという方向への推進力は引き続き，力強く働くと考えられています。

●── ビジネスの現場でも活用される AI 技術

　機械学習や AI などの分野では，基本的には固有技術の側面から機械学習アルゴリズムの研究が深められており，さまざまなタスクにおいて飛躍的な精度向上が達成されてきました。主に，ビジネスアナリティクスの分野で活用されるデータ分析技術としては，以下のようなものが挙げられるでしょう。

(1) 予測モデルの構築
　ビジネスの場面においても，正確な予測や分類といったタスクは引き続き重要な技術です。例えば，

- 工場設備の異常検知や故障予測

- 購買履歴情報による離反顧客の予測
- ユーザが好む商品画像の自動識別
- 不適切な画像データの自動リジェクト

このような技術が，そのまま，製品として販売可能な技術や製品の品質機能の向上になることもあれば，自社の業務効率化につながることもこともあります。

(2) 統計的因果推論

　機械学習の分野でも，因果効果推定の問題は多く取り上げられるようになっています。AI のモデルが複雑になり，予測精度が高くなったとしても，ある施策がアウトプットに与える効果を正しく評価できなければ，実際のビジネス場面で施策の実施に結びつきません。この問題は，単に現状のままの状況で起こる現象を予測するにとどまらず，何らかの適切な処置（施策）を施したときの改善効果を正しく見積もることを指しており，近年，活発に研究がなされています。

(3) 次元縮約による特徴分析とクラスタリング

　マーケティング分析などの事例では，顧客の購買履歴や閲覧履歴などの顧客の活動データが扱われることが多々あります。一般に，顧客の特性は単一的ではなく，さまざまに異なる特徴を有した顧客セグメントが存在し，それらが合わさった形で市場が形成されています。例えば，映像配信サイト上での「スポーツ観戦が好きなユーザ」の閲覧履歴と「特定のアイドルの熱狂的なファン」の閲覧履歴はまったく傾向が異なり，このような異質の消費者の行動を平均化してしまうと，実際には存在しないユーザ像ができてしまうのです。そのため，このような異質のデータが合わさってできた分析対象については，適切なクラスタリングを行い，クラスタごとに特性を理解することが必要不可欠となります。このようなクラスタリングの機能を内在的に持つ手法として，言語モデルとして提案されたトピックモデルがよく知られていますが，これらは潜在クラスモデルを用いたソフトクラスタリングモデルの一種になります。これら

のモデルについては第6章でも紹介しましたが，異なる嗜好を持った異質の消費者グループが混在したような購買履歴データや閲覧履歴データの分析において強力なツールとなりえます。

　また，これも第6章で紹介した非負値行列因子分解（Non-negative Matrix Factorization：NMF）などの行列分解に基づく手法も，基本的，かつ有用な手法として根強い人気があります。プラットフォームビジネスの新規利用会員の生涯価値を予測するモデルとしてNMFを活用した事例もあります。

(4) **Embedding**（埋め込み表現）モデルの活用

　Embedding（埋め込み表現）モデル，もしくは分散表現モデルと呼ばれる方法がビジネスデータ分析においても利用されるようになっています。Embedding とは，分析対象（単語や人，アイテムなど）の時系列データから，その時間的な相関関係を用いて分析対象の各項目を高次元の空間上の点に対応させる手法です。このデータが埋め込まれた空間上の距離や位置関係を用いて，項目間の関係をモデル化しようとする方法論になります。これらの代表的な手法である Word2vec は大規模な文書データを学習して各単語を埋め込み空間上の点（ベクトル）として表現するモデルですが，その後も Item2vec や TransRec などのモデルへと拡張され，商品推薦システムにも有効なモデルであることが報告されています。埋め込み空間上で表現されるデータは点とは限らず，例えば，商品を点で表現したときに，ユーザや商店を例えば，正規分布や直線で表現することもできます。

(5) ネットワーク分析

　データサイエンスが対象とするデータ構造は，従来は表構造のものが多かったですが，人・モノ・場所などの多様な対象同士のつながりを表現するグラフ構造へと広がっています。SNS におけるユーザ同士の友達関係や Web ページ間のハイパーリンク構造は，グラフ構造を持ったデータと解釈することが可能であり，このようなデータの構造の分析はグラフマイニング，もしくはネットワーク分析と呼ばれています。ネットワーク分析は，ビジネスアナリティクスにおいてもさまざまな目的で活用され，非常に有用なツールとなっています。

例えば，名刺データを活用した組織ネットワーク分析などの事例にあるように，ビジネスにおける人材ネットワークの分析は大きな価値を生む分析結果が期待できます。

●── ビジネスの現場での活用事例

ここでは，ビジネスアナリティクスに関連する研究を中心に，いくつかの事例について紹介しましょう。

(1) ポイントカードシステムを利用した購買履歴データの分析

ポイントカードは，多くの消費者が保有し，さまざまな購買場面で利用されるようになりました。ポイントカードには，クレジット機能付きのカードもあります。顧客がポイントカードを利用するということは，小売店側が個人 ID 付きの購買履歴データ（ID-POS データ）を取得できることを意味しますので，これをさまざまなマーケティング分析に結びつけようという試みは広くなされています。

個々の顧客の購買履歴が詳細に得られるため，購買によって向上する会員ステージと購買傾向との関係分析などは比較的容易なタスクとなります。また，顧客は多様なグループから構成されているため，トピックモデルなどの潜在クラスモデル分析は有用であり，例えば，マーケティング分析でよく知られている RFM 分析[1]を潜在クラスモデルで構成して購買履歴を分析することもできます。また，スーパーマーケットで販売される野菜などの生鮮品のように季節性がある商品についても，潜在クラスモデル分析によって季節性の異なる商品のクラスタリング分析が可能です。

一方，企業側にすれば，顧客に自社発行のクレジット機能付きポイントカードを保有してもらい，メインカードとして使ってもらうことは長期的に有効な関係を築くという意味で莫大な価値があります。そのため，ポイント機能のみのカードを保有しているカードユーザに対し，クレジット機能付きカードへの

---

1 RFM 分析とは，マーケティングで活用される顧客分類手法の1つで，Recency（最終購入日），Frequency（購入頻度），Monetary（購入金額）の3つの指標を用いて顧客をグループ分けしたうえで，それぞれのグループの特性を分析する手法のことです。

ステップアップを促す施策を検討するための購買履歴データ分析にも潜在クラスモデル分析は有用です。また，ポイントカードユーザがクレジット機能付きカードにステップアップするか否かを予測する判別モデルを機械学習で構築することにより，「クレジット機能付きカードにステップアップする可能性が高いポイントカードユーザ」を特定することができます。このようなユーザに優先的に施策を打つことで，施策の費用対効果を向上させることが考えられます。

(2) ECサイト上の閲覧・購買履歴データの分析

　ECサイト上の顧客の履歴データの特徴は，購買履歴データに加えて，サイト上での閲覧履歴データが取得できる点にあります。ここでも潜在クラスモデル分析は有用な分析ツールとなり，閲覧履歴と購買履歴を統合的に分析するモデルを用いて，特徴の異なる顧客グループを考慮しつつ，閲覧履歴と購買履歴の関係性を分析することができます。また，ECサイトでは顧客の閲覧行動をリアルタイムで検出して，クーポンを自動発券するといった施策も可能です。そのようなリアルタイムでのクーポン発券のタイミングについては機械学習による手法が活用されています。また，ECサイト上の閲覧・購買履歴の行動のみから，その顧客が持つ価値観や嗜好を類推することには限界があるため，ECサイト側が顧客調査を実施することがあります。一般に，このようなアンケート対象ユーザは全顧客というわけにはいかず，限られた人数に対するアンケートデータになってしまうことが多々あります。しかし，閲覧・購買履歴が10万人規模で得られているECサイトにおいて，約3000人に対して実施したアンケートデータを活用し，これら3000人のアンケート回答データと閲覧・購買履歴の関係性を手掛かりに残りの約9万7000人の価値観・嗜好を推測するようなモデルも構築することができます。

　一方，ECサイト上の顧客の閲覧行動の特徴を集約し，少ない次元で分析するには，主成分分析などの多変量解析手法のほか，深層学習の一手法であるオートエンコーダ（自己符号化器）が活用できます。多数の変数が単純な相関関係を有する多次元データであれば主成分分析が有用ですが，複雑な非線形の構造が考えられる場合には，オートエンコーダによってシンプルでわかりやすい

中間表現[2]を得ることができます。オートエンコーダの自然な拡張として VAE（Variational Autoencoder）が提案されており，このモデルが有用な中間表現を学習する例もあります。

　さらに，EC サイトでは，いわゆる中古商品の出品が行われるサイトも多くなっており，その価格設定といった機能に機械学習を援用する試みもあります。例えば，ファッション系 EC サイトの事例では，製品の多様性が極めて高く，ある商品に近い中古ファッション商品がいくらで売れるかを精度よく予測することは容易ではありません。しかし，機械学習のアプローチを導入することで，予測が困難なケースを特定したり，アイテムグループごとに「値下げするまでの期間」を個別設計するなどの施策を検討できる可能性があります。

(3) データ駆動型のサービス機能への活用

　いくつかのネットサービス上で記録されるユーザの行動履歴データを活用し，ネットサービスの機能向上へと結びつけるような取り組みも広がっています。例えば，大学生が利用する就職ポータルサイト上でのエントリー履歴データを活用した就職活動終了時期の分析モデルの構築，言語分析モデルによる企業のアピールポイントと学生の志望理由のマッチング分析モデルの構築，就職ポータルサイトに企業紹介ページを提示した際に得られる被エントリー数の予測モデルなどの取り組みです。また，街中のレストランなどのグルメ情報を掲載するグルメサービスでは，このサイトに投稿される推薦文データとリアクションの関係を分析するモデルを構築することで，リアクションを望む投稿ユーザに有用となるお勧めレストラングループを特定するといった分析も可能となっています。

(4) モニター消費者データのマーケティング活用

　あるマーケティングリサーチ会社では，一般消費者からモニターを募って，

2　102 ページでも説明したように，オートエンコーダでは，入力層と出力層よりも少ないユニット数の中間層を用意し，入力と出力のパターンが近似されるように学習します。高次元の入力パターンが低次元の中間層の出力に変換され，それがもとの高次元の出力パターンに復号される構造をとりますので，その中間層の出力はデータの本質的な特徴を凝縮したものとなっており，これを中間表現と呼びます。

そのモニターの購買履歴やインターネットの閲覧履歴といった詳細なデータを蓄積し，マーケティング分析に活用しています。これは，これらのモニターの行動データから，一般消費者の嗜好や特性を推測するのに有効となるからです。著者らの研究グループでは，いくつかの共同研究を通じ，このようなモニターの詳細データを分析しています。例えば，モニターの購買履歴データは，1つの小売店での商品購入だけでなく，対象モニターのさまざまな異なる店での購買履歴が紐づくため，ID-POS データに比べ（データ数は少なくなるものの）かなり詳細な分析が可能となるのです。また，インターネットの閲覧履歴データの分析には，Embedding モデルが興味深い結果を示す事例もわかってきています。

　これらのモニターのデータは，モニター自体にアプローチしたいというよりは，モニターの詳細データを分析することで，一般消費者全体に対する推測を行うことが目的であることも多くあります。そのため，モニターに対してクラスタリングを適用した結果を，他の消費者に一般化する方法も重要な研究課題といえるでしょう。

(5) ロジスティクス（物流）最適化によるコスト低減

　ロジスティクスとは，私たちの社会におけるモノの生産・流通を担うすべての活動を指します。一般に，原材料の調達から，モノの生産，販売に至るまでのモノの流れを管理する活動です。近年のインターネットの普及に従い，商品を自宅まで配送してもらうオンラインショッピングは広く消費者に浸透しました。情報はインターネット回線を使って電子的に相手に届くようになりましたが，モノはそのようなわけにはいきませんので，トラックと人手によって注文者まで届ける必要があります。加えて，ここで取り扱われる商品数も非常に膨大で，届け先である注文者も膨大で住所はばらばらです。このような状況で，なるべくコストを低減しながら，顧客の希望するタイミングで適切に商品を届けるような効果的なロジスティクスを構築することは非常に重要な問題になります。環境問題が重要視される昨今では，物流で発生する二酸化炭素の排出量を低減するという目標もあります。効率的なロジスティクスを構築するためには，商品の配送という点だけを見ても，

- 物流倉庫，配送センターの立地
- 物流倉庫における各商品の保管場所の決定
- トラック台数，ドライバー数の決定
- 配送ルートの決定

などの意思決定要素がありますが，これらの良し悪しは，注文データがどのように発生するのかで変わってきます。そのため，過去の注文データを統計的に分析し，データに基づく客観的な意思決定が重要になります。

(6) 製造データ分析による生産効率の向上

　もともと，統計的な手法はモノ作りの品質管理において伝統的に活用されてきました。このような統計手法を駆使した品質管理は，統計的品質管理と呼ばれます。従来の統計的品質管理では「製造されている製品や仕掛品からサンプリングした検査対象品の結果から，製造工程の状態を統計的に推定し，速やかな意思決定に結びつける取り組み」や「さまざまな製造条件の中から適切な条件を発見するために，実験計画法によって適切な実験を組み，その実験結果を統計解析するといったアプローチ」などが多大な成功を収めてきました。

　近年では，工場の生産ラインがオートメーション化され，さまざまなセンサー技術も向上したことから，さらに進んだ生産システムへと変革しつつあります。一時期，インダストリー4.0という言葉が注目されましたが，製造業におけるオートメーション化とデータ化は大きな技術的な革命になると認識されています。製造のオートメーション化によって，工場内の生産プロセスの状態がリアルタイムで観測され，データとして蓄積されます。これらのビッグ・データは，生産機械の摩耗・故障や，製品の不良・欠陥の早期発見や予防に活用することが可能です。製造データの積極的な活用により，メーカーとしての競争力の源泉となる生産効率の向上に加え，優れた品質管理にも結びつけることができます。

2　データサイエンスの上手な活用

　データサイエンスは，対象問題に対して科学的なアプローチによって客観的
な事実を明らかにしようとする分析者のツールといえます。そのため，そのツ
ールをいかにうまく使いこなすかは分析者にかかっているといっても過言では
ありません。近年の人工知能（AI）の大きな成功によって，機械学習のような
高度なデータ分析技術を使えば何でもできそうなイメージも作り上げられた感
もありますが，実はそうではありません。まずは，現状の人工知能の限界を知
るとともに，人工知能の技術で使われる先進的な機械学習を含むさまざまなデ
ータ分析技術をいかに活用していくのかについてまとめましょう。

●── 人工知能ができること・できないこと
　人工知能の技術は，囲碁や将棋などのルールが厳密なゲームにおいて人間の
プロを凌駕するソフトウェアを実現し，画像認識や音声認識の分野では飛躍的
に認識性能を向上させることに成功しました。これらの技術は，iPhone など
に搭載されている Siri に代表されるように，スマートフォンなどの情報機器
上で動作するアプリや SNS 上で普通に使われるようになっており，誰もがそ
の恩恵を受けています。このような成功事例のインパクトが大きかったため，
その技術への期待度は飛躍的に高まりました。そのため，作業履歴やログ・デ
ータが膨大に蓄積されているビジネス現場では，これらのデータを活用するこ
とで，これまでとは本質的に異なる価値が生み出されるのではないかという期
待があります。
　一方で，最近では人工知能技術の導入についてさまざまな企業で PoC
（Proof of Concept：概念実証）が試みられ，人工知能が期待ほどには有用では
なく，ビジネスに導入するレベルには至らなかったという声もかなり聞くよ
うになりました。これにはさまざまな理由が考えられますが，1 つ考えられる
のは，人工知能や機械学習は，基本的には「与えられた学習データからの抽象
化」を行っており，データが生成される系のパラメータが変わってしまうと，
途端に認識精度が落ちてしまうという問題があることが挙げられます。例え

ば，深層学習モデルを上手に用いると，学習データとして与えられた画像データを精度よく分類することは可能となります。しかし，画像分類においては，「飛行機の画像」は，人間が何度その画像を見直してもやはり「飛行機の画像」であることは，きちんと認識する必要があります。すなわち，「教師あり学習における正解は絶対的に正しい」という仮説のうえで，画像認識は成り立っているので，その写像関係がいかに複雑であったとしても，人工知能にとっては認識が容易な問題となっています。

　また，人工知能に学習させる正解データは人間が与えるものですので，例えば，人工知能に「シャム猫」「ペルシャ猫」「日本猫」「ブルドッグ」「ポメラニアン」「日本犬」などの画像データを入力し，これらの猫や犬の種類を識別させるような画像分類器を作ったとしましょう。十分な学習データを与えれば，それなりの分類精度を達成するかもしれませんが，それは画像が「シャム猫」であるか，「ブルドッグ」であるかを識別するという意味での分類精度であり，この人工知能はそのままでは「犬」と「猫」を見分けることはできません。人間は，多数の猫や犬の種類を学ぶ際に自然と共通点を理解して，猫と犬の違いを認識するような知性を有していますが，人工知能はあくまで機械的に与えられた正解を学習するので，このように観点が変わった場合には対応が難しくなってしまいます。

　一方，私たちが住む世界での活動では，たとえ分類の観点が同一であっても「与えられた正解データが不変である」という仮説すら成り立たないこともあります。私たちが住む世界では，昨年はよいと思われていたことが，今年は悪いと思われることも日常茶飯事でしょう。「消費者に好まれる商品」という言葉で定義される商品は，恐らく人によってもさまざまに異なり，時間が過ぎると変化します。そのような問題に対して，ある時点の「正解データ」を学習させて作った人工知能は，その出力を評価する人々の感性の時間変化には追従できません。逆にいえば，そのような時間変化や構造変化が起きない対象問題については，人工知能や機械学習は極めて有効な技術となっています。わかりやすくいえば，「ある日から，商品Ａのデザインが大幅に変わる」というような変化がないのであれば，画像認識技術として「商品Ａの画像」を識別する人工知能は有効に活用することができます。しかし，ある日に商品Ａのデザイ

初期値 $x_0 = 0.100000$

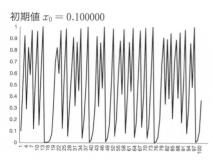

初期値 $x_0 = 0.100001$

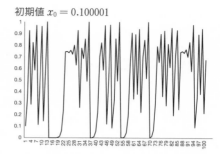

図 **9.1**　ランダムな動きに見える決定論的な数列の挙動の一例

ンが大幅に変更された場合，人間であれば「あれ，何か変だな……？」と思う
かもしれませんが，人工知能は過去のデータから獲得した知識を使って識別を
し続けてしまいます。

　また，そもそも人工知能にも人間にも難しい予測問題もあるでしょう。一
時期，囲碁や将棋で AI が人間のトップ棋士に勝利したことから，「AI は人間
の知能を超越した」と誤解されたこともありました。その頃には「AI を使え
ば，1 年後の株価も正確に予測できるのではないか」という意見すら聞かれる
ことがありました。しかし，このようなタスクは，少なくとも現状では正確に
予測することは困難です。ここでいう「予測できない事象」は，しばしば確率
的な意味でのランダム性と同一視されることも多いのですが，世の中には「そ
の振る舞いは決定的法則（例えば数式）に従うものの，初期値が微小に異なっ
ただけで，まったく異なる結果に結びつく現象」も知られています。このよう
な現象はカオスと呼ばれ，決定論的に決まる振る舞いにもかかわらず，極めて
複雑で確率的な意味でのランダムな挙動に見えてしまうのです。例えば，数列
$x_1, x_2, x_3, \ldots$ が

$$x_{t+1} = 4x_t(1 - x_t)$$

という法則に従っている場合，この数列は，この数式に従って決定論的に決め
られていますので，x_t が t と共にどう変化するかは正確に予測ができそうで
す。しかし，これはロジスティック写像と呼ばれる系列として知られていて，
極めて複雑な振る舞いとなり，規則性が見られなくなります。具体的な例とし

て，この数列について，初期値を $x_0 = 0.100000$ とした場合（図 9.1 左）と初期値を $x_0 = 0.100001$ とした場合（図 9.1 右）の挙動を見てみましょう。図 9.1 のように，この数列は極めて複雑な挙動をします。その複雑な挙動に加え，初期値の違いは $x_0 = 0.100000$ と $x_0 = 0.100001$ ですので，非常に小さい差異であると考えられますが，その初期値の微小な差異にもかかわらず，この挙動の後半部分はまったく異なる動きをしていることがわかるでしょう。このように，初期値の値が微小に変わるだけでも，まったく異なる動きにつながってしまうといえます。一般に，私たちがデータとして観測するデータは，ある有効桁数で観測されたデータであり，観測誤差を避けることができません（コンピュータが無限桁の実数を保存したり，計算したりすることが困難であるためです）。そのため，システムは極めてシンプルな決定的な数式に従っているにもかかわらず，初期値がほんの少しずれただけでまったく異なる複雑な挙動を示すことから，有限桁の浮動小数点の数を扱う（小数点以下が無限桁の無理数を扱うことができない）コンピュータでは未来の動きを正確に予測することができないのです。このような事象から，どんなに優秀な人工知能であっても（もちろん，人間であっても），未来を予測することができないといえます。

　以上に説明したように，現状では人工知能や機械学習が素晴らしく有効に働く対象問題とそうではない問題との差が大きく，その差が埋まっていないのが現状といえます。

●── データ分析手法の上手な活用のために

　ここでは，データ分析手法の上手な活用をしていくうえで，大事なキーポイントについて明確にしておきましょう。

　まず，データサイエンスという言葉は，情報技術を活用した大量に蓄積されるようになったビッグ・データを活用して，先進的な機械学習アルゴリズムを駆使するようなイメージを連想させますが，基本となる統計学の考え方をきちんと押さえておくことが肝要です。すでに，さまざまなデータ分析手法を紹介してきましたが，対象とする問題や分析対象として収集できるデータの性質に応じて，適切な分析手法を選択する必要があります。ただし，データ分析手法はツールですので，複数のツールを適切に組み合わせることで，目的に対して

より望ましい結果を得ることができる場合があります。

すでに，第 7 章「データ活用のフレームワーク」で示したのですが，データ活用のためには「目的の設定・理解」が極めて重要なステップになります。ここは分析者自身が考えなければならず，人間の知的活動に委ねられています。『AI にできること，できないこと』(藤本・柴原 2019) では，人工知能が知性を持つために必要な要素として，次の 4 つを挙げています。

- 動機：解決すべき課題を定める力 (解くべき課題を見つける)
- 目標設計：何が正解かを定める力 (どうなったら解けたとするかを決める)
- 思考集中：考えるべきことを捉える力 (解くうえで検討すべき要素を絞る)
- 発見：正解へとつながる要素を見つける力 (課題を解く要素を見つける)

そのうえで，現在の人工知能は 3 番目の「思考集中」では多少の能力を発揮し，4 番目の「発見」ではマシンパワーを駆使した全探索的な方法でカバーされるものの，それでも人間の知見や思考に頼る部分が多く，ましてや「動機」や「目標設計」の知的活動については，現在の人工知能は無力で人間に頼らざるをえないと指摘しています。これは本当にその通りで，データサイエンス全般にいえますが，「どのような問題を解くべきなのか」については，分析者が置かれたビジネス現場の知見・ノウハウを総動員し，適切に設定する必要があるのです。この部分を人工知能が勝手に考えてくれるわけではなく，実はこの「目標設計」の良し悪しでデータ活用の効果が大きく揺らいでしまうので，その点の認識が必要です。

3 データサイエンスの応用知識

ここでは，これまで学んできたデータサイエンスのさまざまな技法について，いくつか知っておくべき応用知識について述べます。データ分析手法は，高度に発展した人工知能のような技術も含め，対象問題を限定して「データはこのような状況から生成しているものとする」といった仮定を置いて組み立てられています。例えば，このような好ましい仮定が一部成り立たないような状

況では，何か取りうる対応策があるのかという点は実務上，重要になります。以下では，実際のデータ分析において知っておいたほうがよい，いくつかの応用知識について重要なものをまとめておきます。

●── 統計モデルの汎化性能と過学習

　統計モデルの汎化性能とは，もともとは機械学習や統計的学習理論の分野から出てきた言葉で「学習データを学習したモデルを，それ以外のデータに対しても一般化する能力」を指します。要するに，母集団から得られる新しいデータに対してもどれだけフィッティングしているか，すなわち，予測性能の高さを指しています。一般に，統計モデルのパラメータ数を増やすと表現能力を豊かにすることができますので，学習データへの当てはまりがよくなり，学習データに対する損失関数を小さくすることが可能になります。例えば，ニューラルネットワークでは中間層のユニット数を増やすと，急激に表現能力が向上し，学習が容易になります。一方で，学習データに対する当てはまりをよくしすぎてしまうと，新たに母集団から生成された新規データに対する当てはまりが悪くなる現象が知られています。この現象は「過学習」や「過適合」と呼ばれています。昨今の機械学習モデルでは，複雑な入出力関係をモデル化できる性能を有しているだけに，過学習が起こりやすくなっています。

　図 9.2 は，x と y の関係性をデータからモデル化する例を示しています。より表現能力の高いモデルでは，右図のように与えられた学習データに対する誤差を小さくするような曲線を描くことが可能です。これに対し，左図ではある程度の誤差を許容して，二次関数に近い形状でデータに曲線を当てはめています。これらの 2 つのモデルのどちらが優れているのかは一般に決定づけることはできませんが，与えられている学習データに関しては右図の曲線のほうが当てはまりがよいモデルです。しかし，新しく観測されたデータに対する予測精度で測ると，右図の複雑な曲線モデルはしばしば左図のシンプルなモデルよりも性能が悪化してしまうことがあります。これが「過学習」です。この過学習を避けるためには，必要以上に複雑なモデルを用いず，適切な複雑さの統計モデルを用いることが重要になります。

　さて，統計モデルの複雑さを決めるものの 1 つがパラメータ数です。この適

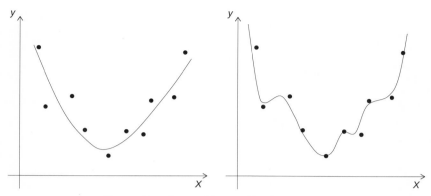

図9.2　学習データに対する曲線の当てはめの例

切な複雑さを決めるパラメータ数は，一般に次の2つの観点のバランスによっ
て決まってくることに注意しましょう。

- 対象問題の複雑さ：対象とする問題の構造自体が複雑である場合には，統
  計モデルもそれに合わせて複雑な関係を同定できる構造にしないと，対象
  問題の構造を学習できない。しかし，対象問題の構造以上に複雑なモデル
  を用意すると，ノイズも学習してしまい，過学習が生じる。
- 学習データ数：対象問題の構造が複雑であっても，学習データ数が十分に
  与えられない場合には，その複雑な構造に関する情報が得られないため，
  複雑な統計モデルの学習の推定精度が低下する。一般に，データ数が少な
  い場合にはシンプルなモデル，データ数が多い場合には複雑なモデルを用
  いることが望ましい。

なお，これらの統計モデルのパラメータ数と過学習の関係性は，モデルの構
造がブラックボックスにはなっていないタイプの統計モデルに対して，学習
データに最も当てはまりのよいパラメータ推定を行う場合（最尤推定量の場合な
ど）に見られるものです。高次元のパラメータを設定した場合においても，正
則化手法などの過学習を抑制するパラメータ推定手法を導入した場合には，話
が異なります。また，超高次元のパラメータを持つ深層ニューラルネットワー

クモデルを用いることで，画像分類などの問題で優れた性能が発揮されることが明らかになってきましたが，この事実は上で示した「パラメータ数を増やし過ぎると過学習してモデルの精度が下がる」という事実と反します。実は，超高次のパラメータを有する深層学習モデルについては，パラメータ数と予測精度に関して，上述の事実とは異なる新たな現象が明らかになってきています。このような現象についての理論背景は，現在も活発に研究がなされており，今後の成果が期待されています。

●── 汎化性能の評価と統計的モデル選択

　伝統的な多変量データ解析のアプローチでは，分析のために収集するデータにはそのための収集コストが掛かっており，大量のデータを収集することも実際には難しいことが多かったことから，得られたデータをすべて使って統計モデルを構築して統計的推測を行うためのアプローチが多々提案されてきました。例えば，統計モデルの適切なパラメータ数を選択しようとする統計的モデル選択のアプローチでは，第7章で紹介したように学習データから構築した統計モデルの予測性能が最も高くなるようなモデル選択基準である赤池情報量基準（AIC）が有名です。例えば，重回帰分析では，AICの他にも自由度調整済み決定係数（自由度調整済み寄与率ともいいます）などの基準を用いて，説明変数の選択が行われます。これも適切なパラメータ数を選択していることになります。

　統計的モデル選択では「与えられたデータをランダムに分割して，一方を学習データとして統計モデルを学習し，他方をテストデータとして予測して，そのテストデータに対する予測精度によってモデルの予測性能を評価する」という方法で最も優れたパラメータ数を選ぶ方法も古くから知られていました。このようにデータを，学習用（学習データ）と検証用（テストデータ）に分割して評価に用いる手法は，第7章で紹介した通りホールドアウト法と呼ばれています。さらに，データをいくつかに分割してから，グループごとに学習用と検証用とに割り当て，これらを入れ替えて評価を繰り返すような方法も知られており，さまざまなバリエーションも含めて，交差検証法（クロスバリデーション）と呼ばれています。しかし，ある意味でのランダム性を許容しなければならな

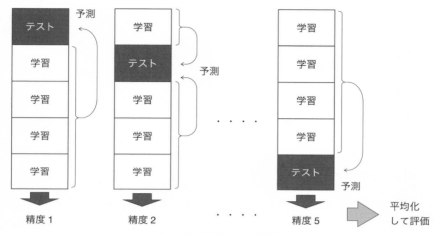

図 9.3　k-分割交差検証法

いことや，計算量がかかるなどの理由から，従来の線形モデルを主たる分析ツールとした実ビジネスデータ分析ではあまり積極的に用いられてきませんでした。その背景には，「コストをかけて収集した貴重なデータは，そのすべてを最大限に活用して，抽出できる情報をできる限り絞り出したい」という発想もありました。これに対し，データサイエンスを取り巻く環境は，次のように変化しています。

- 従来に比べ，膨大な数のデータが利用可能となってきた。
- 機械学習のような逐次探索やある種のランダム性を有した統計モデルの有効性が知られるようになった。
- コンピュータの性能が飛躍的に向上し，多数の繰り返し処理を実用的な時間で処理することが可能となった。

　加えて，機械学習モデルでは，モデルの構造を決めるパラメータに加え，従来よりも非常に多くの学習の探索パラメータをうまく設定する必要があります。このような分析環境の変化に伴い，交差検証法を用いた統計モデルのパラメータ調整がどうしても必要となってきたのです。交差検証法の具体的な方法

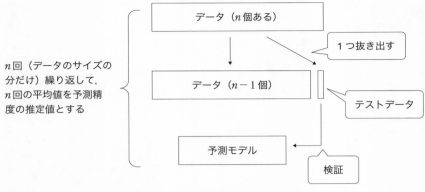

図 9.4　leave-one-out 交差検証法（LOOCV）

としてよく知られているのは，第7章でも触れましたが，k-分割交差検証法と
leave-one-out 交差検証法です。

- k-分割交差検証法（k-fold cross-validation method）：データをランダム
  に k 個の集合に分割し，「そのうちの $k-1$ 個からなるデータ集合を学習
  データ，残りの1つの集合をテストデータとして，テストデータに対する
  予測精度を得る」という操作をすべての組み合わせについて実施すると，
  k 回の予測精度の推定値を得ることができます。これらの k 回の結果の平
  均値によって，予測精度の推定値を得る方法です。
- leave-one-out 交差検証法（leave-one-out cross-validation：LOOCV）：
  $k=1$ の場合の k-分割交差検証法と等価な方法です。データから1つの
  データを抜き出してテストデータとし，残りを学習データとするという操
  作を，全データが1回ずつテストデータとなるように構成すると，もとの
  データサイズと同じ数の学習データとテストデータの組が得られます。こ
  れらのすべてに対し，学習データで学習して，テストデータへの予測精度
  を評価するという検証を繰り返し，その結果を平均して予測精度の推定値
  を得ます。

昨今のデータ分析環境では，交差検証法に掛かる計算量もあまり問題になり
ませんので，統計モデルのパラメータ数の決定に加え，学習アルゴリズムの設

定パラメータを適切に決定するためにも，交差検証法は積極的に活用すべきでしょう。また，これによって，得られたモデルがどの程度の予測性能を持つのかをあらかじめ推定することもできます。この予測性能の評価は，このモデルを用いた意思決定において重要になります。

●── 正則化手法

　表現能力の豊かな機械学習モデルを用いることで，複雑な非線形構造もモデル化できるようになる半面，学習データに当てはまり過ぎて過学習が起こりやすくなります。過学習を抑えるための1つの方法は，統計モデルの構造を過度に複雑にせず，統計モデルのパラメータ数を適切に設定する方法（統計的モデル選択）でした。しかし，この方法はさまざまなモデル構造の統計モデルでデータを学習させ，交差検証法やモデル選択基準を用いて評価して最適なものを選ぶという操作が必要になります。この適切なモデル構造の探索は，パラメータ数の多い複雑な統計モデルの場合，しばしば膨大な計算量と試行錯誤を要する処理になってしまいます。

　これに対し，統計モデルの構造が与えられたもとで，統計モデルのパラメータの学習アルゴリズムのほうで，過度に学習データに当てはまり過ぎないようにしようとする方法の代表が正則化です。正則化は過学習を防ぐための学習法として，多くの機械学習で広く適用されるようになっています。いま，統計モデルが K 次元のパラメータ $\boldsymbol{\theta} = (\theta_1, \theta_2, \ldots, \theta_K)$ を持つものとし，n 組の学習データ $(\boldsymbol{x}_1, y_1), (\boldsymbol{x}_2, y_2), \ldots, (\boldsymbol{x}_n, y_n)$ を簡略的に $(\boldsymbol{x}^n, y^n)$ と記述することとします。このとき，通常の統計モデルの学習（あるいは，パラメータ $\boldsymbol{\theta}$ の推定）は，ある統計モデルを用いて学習データに対する損失関数，

$$L(\boldsymbol{\theta}; \boldsymbol{x}^n, y^n) = \sum_{i=1}^{n} L(\boldsymbol{\theta}; \boldsymbol{x}_i, y_i)$$

を最小化するような $\boldsymbol{\theta} = (\theta_1, \theta_2, \ldots, \theta_K)$ を求める問題として定義できます。損失関数 $L(\boldsymbol{\theta}; \boldsymbol{x}^n, y^n)$ は学習データ $(\boldsymbol{x}^n, y^n)$ に対する統計モデルの当てはまりの程度を表す関数で，これが小さいほど，損失が少なくモデルの学習データに対する当てはまりがよいことを意味します。この損失関数は，学習データ $(\boldsymbol{x}^n, y^n)$ が固定されたもとでのパラメータ $\boldsymbol{\theta}$ の関数となっており，その

点を明確にするため，パラメータ $\boldsymbol{\theta}$ と学習データ $(\boldsymbol{x}^n, y^n)$ を切り分けて考えるためにセミコロン（；）で区切って，$L(\boldsymbol{\theta}; \boldsymbol{x}^n, y^n)$ のように記述しています。損失関数 $L(\boldsymbol{\theta}; \boldsymbol{x}^n, y^n)$ としては，例えば，$P_\theta(y^n \,|\, \boldsymbol{x}^n)$ を学習データの尤度[3]として，$L(\boldsymbol{\theta}; \boldsymbol{x}^n, y^n) = -\log P_\theta(y^n \,|\, \boldsymbol{x}^n)$ のように設定すれば，このパラメータ推定は最尤推定をめざした学習になります。この損失関数のもとでは，学習データに対する当てはまりがよくなるように，パラメータ $\boldsymbol{\theta}$ の学習が進みます。これに対して，正則化手法では，λ を適当な正定数，$R(\boldsymbol{\theta})$ を事前に与える $\boldsymbol{\theta}$ の適当な関数として，

$$\tilde{L}(\boldsymbol{\theta}; \boldsymbol{x}^n, y^n) = L(\boldsymbol{\theta}; \boldsymbol{x}^n, y^n) + \lambda R(\boldsymbol{\theta})$$

のような新たな関数 $\tilde{L}(\boldsymbol{\theta}; \boldsymbol{x}^n, y^n)$ を定義し，これを最小化するようにパラメータ $\boldsymbol{\theta}$ を学習します。$R(\boldsymbol{\theta})$ は正則化項と呼ばれる項で，もともとは $L(\boldsymbol{\theta}; \boldsymbol{x}^n, y^n)$ を最小化する $\boldsymbol{\theta}$ の解が不定解，もしくは不安定な解であるような不良設定問題において，解を安定させるための項として追加されていました。これにより，損失関数 $L(\boldsymbol{\theta}; \boldsymbol{x}^n, y^n)$ のみを小さくするのではなく，$R(\boldsymbol{\theta})$ も同時に小さくするようなパラメータ $\boldsymbol{\theta}$ を見つけることが必要となり，損失関数 $L(\boldsymbol{\theta}; \boldsymbol{x}^n, y^n)$ が過度に小さくなり過ぎることが抑制される効果があります。λ は正則化パラメータと呼ばれており，問題に合わせて適切に調整する必要があります。通常は，微小単位で λ を変えて学習を行い，交差検証法でモデルの精度を検証して，適切な λ を選びます。すなわち，正則化手法においても正則化パラメータを探索的な方法でうまく設定する操作が必要になります。その意味では，統計的モデル選択と同様に試行錯誤的な探索が必要にはなりますが，通常は統計モデルの構造の変化パターンは指数的に数が増大してしまい，すべての統計モデルを試すという全探索が困難になるのに対し，正則化手法では正則化パラメータ λ を適切に設定するだけで済むという利点があります。ただし，正則化項 $R(\boldsymbol{\theta})$ の設定の仕方によっては，$\tilde{L}(\boldsymbol{\theta}; \boldsymbol{x}^n, y^n)$ を最小化する $\boldsymbol{\theta}$

3　パラメータ $\boldsymbol{\theta}$ が与えられたもとで学習データ $(\boldsymbol{x}^n, y^n)$ の条件付確率，または条件付確率密度は $P_\theta(y^n \,|\, \boldsymbol{x}^n)$ のように記述できます。一方，統計モデルの学習は，学習データ $(\boldsymbol{x}^n, y^n)$ が与えられたもとでパラメータ $\boldsymbol{\theta}$ を最適化する問題となっており，$P_\theta(y^n \,|\, \boldsymbol{x}^n)$ をパラメータ $\boldsymbol{\theta}$ の関数として見たものを尤度（ゆうど）と呼び，尤度を最大化する推定を最尤推定といいます。

の探索アルゴリズムのほうが複雑になって計算量が多くなってしまうことになるため，正則化法が常に統計的モデル選択に優越するような手法であるというわけではありません。実際のデータ分析では，これらの手法は適切に使い分ける，もしくは組み合わせて用いることが必要となってきます。

さて，正則化項 $R(\boldsymbol{\theta})$ としてよく使われるのは，次式

$$R(\boldsymbol{\theta}) = \|\boldsymbol{\theta}\|^2 = \theta_1^2 + \theta_2^2 + \cdots + \theta_K^2$$

で定義される関数です。このような各要素を二乗して和をとった値は $\boldsymbol{\theta}$ の二次ノルムと呼ばれ，この $R(\boldsymbol{\theta})$ を用いて，

$$\tilde{L}(\boldsymbol{\theta}; \boldsymbol{x}^n, y^n) = L(\boldsymbol{\theta}; \boldsymbol{x}^n, y^n) + \lambda \|\boldsymbol{\theta}\|^2$$

を最小化しようとする方法を L2 正則化といいます。線形回帰モデルで，この二次ノルムの正則化を用いた回帰係数の推定を行ったモデルはリッジ回帰モデルと呼ばれる方法で，かなり古くから多重共線性の影響を緩和し，偏回帰係数の推定値を安定させる推定法として知られていました。一方，近年，よく使われている正則化項 $R(\boldsymbol{\theta})$ としては，

$$R(\boldsymbol{\theta}) = |\boldsymbol{\theta}| = |\theta_1| + |\theta_2| + \cdots + |\theta_K|$$

で定義される L1 ノルムがあり，この正則化項を用いた場合を L1 正則化といいます。L1 正則化では，損失関数 $L(\boldsymbol{\theta}; \boldsymbol{x}^n, y^n)$ を小さくすることに寄与しない，不要な θ_j の推定量が 0 になるような作用が働きます。すなわち，無駄なパラメータを 0 にして消去してくれるので，学習データへの当てはまりを考慮しつつ，統計モデルの構造を適切に決めてくれるような効果があります。その結果，予測や分類に寄与する重要な構造が浮き彫りになるため，推定された統計モデルの解釈性が向上するというメリットがあります。

●── 選択バイアスに対する対応

多くのデータ分析手法は，基本的には母集団からランダムサンプリングされた学習データを想定して構築されています。また，ビジネス領域で適用されるさまざまな施策の効果をデータ分析によって定量的に評価するためには，「施

策を実施するグループ（A 群）」と「施策を実施しないグループ（B 群）」をランダムに与えて実験し（A/B テスト），これらの効果の差分を統計的に検証すればよいでしょう。しかし，実際のビジネスの場面では，検討すべき施策は多岐にわたりますし，その施策を検討している間にも日々のビジネスは継続していますので，新たな実験コストをかけて A/B テストを実施することができないケースも多くあります。また，倫理的な観点，人道的な観点から，被験者をそのようにランダムに分けた実験ができない場合も多くあります。そのような場合に利用できるデータとしては，現状のビジネス活動によって得られているさまざまなログ・データです。例えば，ある推薦システムを導入しているオンラインショッピングサイトが「その推薦の仕組み（推薦ロジック）を変更すべきかを検討しているが，そのための A/B テストを実施することなく，より効果のある（売上増への影響が高い）新たな推薦ロジックを発見したい」といったケースです。また，医療において「治療 A と治療 B のどちらが，治療効果が高いか」という命題を明らかにしたい場合，実際に「患者を完全にランダムに二分して実験をする」という完全ランダムな実験を人間に対して行うことは倫理的に困難な場合もあります。患者にも治療法を選ぶ権利がありますし，どの患者も治療効果の高いほうの治療を望むでしょうから，治療 A と治療 B に対する事前知識が選択に影響を与える可能性があります。同様に，教育における「教育法 A と教育法 B のどちらの教育効果のほうが高いか」「公立校と私立校のどちらの教育効果のほうが高いか」といった問題も同様です。仮に，A/B テストを実施できたとしても，たまたま教育効果の低いほうに割り当てられた被験者は納得ができないでしょう。以上のようなことから，現実問題として，本質的に完全ランダムな比較実験ができないケースも多々あるのです。

以上のような場合，選択バイアス[4]を考慮した推定を検討する必要があります。もちろん，場合によっては選択バイアスを考慮したとしても施策効果を正しく評価することが難しいことも多々あります。これは，選択バイアスを是正するための手がかりがまったく得られていない場合です。一方で，効果を評価したい制御変数（施策の有無に関する変数を指します）と統計的な関係性を持つ別

---

[4] 選択バイアスとは，完全なランダムサンプリングではなく，サンプルを選択する際に何らかの偏り（バイアス）がある状況を指します。

の変数が観測されている場合，この変数を用いて選択バイアスを是正すること
が可能になります。例えば，「公立校と私立校のどちらの教育効果のほうが高
いか」を調べたい問題で，世帯年収によって子供を公立校に通わせるか，ある
いは私立校に通わせるかの意思決定に影響があると考えられる場合，この「世
帯年収」のデータをあわせて観測できれば，これを活用できる可能性がありま
す。

いま，アウトカムを表す目的変数を Y，効果を評価したい施策を表す変数
（介入変数）を Z としましょう。ここでは簡単のため，介入変数 Z は 1 か 0 を
とるような離散変数であるとします。先の例でいえば，$Z = 1$ は施策実施，
$Z = 0$ は施策不実施を意味すると定義することができます。治療法の例では，
治療 A を $Z = 1$，治療 B を $Z = 0$ と定義しても同様の議論が成り立ちます。
さて，いま，介入変数と目的変数の他に共変量 $X = (X_1, X_2, \ldots, X_d)$ が観
測できるものとしましょう。通常の A/B テストでは，この共変量 X に関係な
く完全ランダムに，$Z = 1$ と $Z = 0$ を決めて実験できればよいのですが，介
入変数 Z が共変量 X と統計的な関係性を持って与えられるとき，選択バイア
スが生じることになります。例えば，i 番目の変数 X_i が「世帯年収」である
とし，$Z = 1$ は「私立校」，$Z = 0$ は「公立校」を表すとき，世帯年収 X_i が
増加すると私立校（$Z = 1$）を選ぶ割合は増えるかもしれません。そうする
と，目的変数である「教育効果」が異なっていたとしても，それが介入変数 Z
による効果なのか，それとも「世帯収入」による差なのかがわからなくなりま
す。

このようなケースにおいて，介入変数が与える目的変数への影響の強さ（因
果効果）を推定するためによく知られた方法が傾向スコアマッチングです。こ
こでは，各サンプルに対して計算される「介入が行われる確率の推定値」を
傾向スコアと呼びます。すなわち，共変量 X が与えられたもとで介入変数が
$Z = 1$ となる確率

$$\hat{P}(Z = 1 \mid X)$$

が何らかの方法で推定できているとしましょう。例えば，ロジスティ
ック回帰分析を用いてこの確率を表す統計モデルを構築することが

できます。このようなモデルがいったん構築されると，学習データ $(X_1, Z_1, Y_1), (X_2, Z_2, Y_2), \ldots, (X_n, Z_n, Y_n)$ のすべてに対して，傾向スコア $z_i = \hat{P}(Z = 1 \mid X_i)$ を計算することができます（$i = 1, 2, \ldots, n$）。このとき，もし $Z = 1$ のあるデータと $Z = 0$ のあるデータが同じ傾向スコアを持っていたとすると，これらのデータ間で Z が異なっているのは，共変量 X の影響によるものではないといえます。すなわち，これらのデータの介入変数が $Z = 1$ と $Z = 0$ のように異なっているのは，同じ確率 $\hat{P}(Z = 1 \mid X)$ に従ってランダムに決められた結果であると解釈することができます。つまり，傾向スコアが同じ状況で $Z = 1$ と $Z = 0$ を比較すれば，ランダムで実験したときの目的変数の差を推定することができるというわけです。

　傾向スコアマッチングは，この考えを具現化した方法です。まず，$Z = 1$ であるデータ群と $Z = 0$ であるデータ群を分けておきます。$Z = 1$ のグループからデータを 1 つ取り出し，そのデータの傾向スコアと最も近い値の傾向スコアを持つデータを $Z = 0$ であるデータ群から取り出してマッチングさせます。そして，これらのペア間での目的変数の差分を計算するという操作をすべてのペアについて行い，その平均値をもって介入効果の推定値とすることができます。この方法は傾向スコアマッチングと呼ばれ，非常にシンプルでありながらも実データ分析において有効な分析手段を提供してくれています。

●── 分類における不均衡データに対する対応

　先ほど説明した選択バイアスは，回帰モデルでいうところの説明変数のほうで生じるバイアスでした。評価をしたいある施策変数が，他の共変量と呼ばれる変数と関係性を持つような場合になります。一方，分類問題では，目的変数であるカテゴリに大きなデータ数の偏りが見られるケースが多々あります。例えば，次のような例が挙げられます。

- 健康診断で撮影した X 線写真の画像データを入力とし，「内臓疾患の認められる被験者」と「それ以外の被験者」に分類する。
- 新規顧客の直近の購買履歴データを入力とし，「優良顧客に成長する顧客」と「それ以外の顧客」に分類する。

- ある製造ラインからの完成品を撮影した画像データから，完成品を「正常品」と「不良品」に分類する。

　これらの例では，一方のカテゴリに所属するデータが他方に比べて極端に数が少なくなるケースが多くなります。1つ目の例では，健康診断の場合は，ほとんどが健常者であるため，「内臓疾患の認められる被験者」の数は相対的に少なくなります。2つ目の例の各小売業にとっての優良顧客の割合も，一般には全顧客の中では少数になります。最後の例では，通常の管理状態にある製造ラインであれば「不良品」が発生する割合は極めて稀でしょう。このように，特に二値分類問題においては，一方のカテゴリの学習データ数が少なくなってしまうケースが非常に多くあります。このようなデータは不均衡データ（Imbalanced Data）と呼ばれています。

　以上のように，二値分類問題において，一方のカテゴリのデータ数が少ない，すなわち，「正例データ」と「負例データ」の数がアンバランスである場合に生じる本質的な問題について，簡単な例を用いて考えてみましょう。いま，X線の画像データから「肺結核の患者」と「健常者」を分類する問題を考え，肺結核患者を検出するための分類器を構築しようとしているものとします。学習データとして集めてきたデータが，次のような数であったとしましょう（これは仮想的に作った数値です）。

- 肺結核患者：13件
- 健常者：4万9987件

　「肺結核の患者」の割合は全体の 0.026% です。このような学習データから二値分類器を構築しようとした場合，例えば「いかなる X 線の画像データに対しても，健常者と診断する」ような意味をなさない分類器を用いても，その正解率は 99.97% と極めて高精度になってしまいます。このような学習データに対しては，多数派である「健常者」のラベルを間違えなく予測するほうが全体の誤り率に対する影響が大きいため，「肺結核患者」のデータは学習においては相対的に重要性が下がってしまうのです。しかし，現実の問題としては，

この分類器は「肺結核患者」を正しく検出したい目的で分析をしているわけですので，「いかなる X 線の画像データに対しても，健常者と診断する」ような患者の見逃しを伴う分類器はまったく使い物になりません。

　このような不均衡データからの分類器の学習においては，あまりに極端な不均衡データの場合，さすがに高精度な二値分類器を構築することは困難になりますので，少ないほうのデータ（観測数）をなるべく増やす努力をする必要があります。先ほどの「肺結核の患者」の例でいえば，複数の病院のデータを集約して利用できないかどうか検討するなど，統計的に分析可能な「肺結核の患者」の数を確保する方向で努力するという実務上の取り組みになります。

　一方，ある程度の不均衡データの場合，機械学習などで学習する前に学習データの不均衡を是正する方法が知られています。第 8 章でも述べた通り，少ないほうのカテゴリのデータ数を増やす手法をオーバーサンプリング，多いほうのカテゴリのデータ数を減らす手法をアンダーサンプリングといいます。

- オーバーサンプリング：データ数が少ないほうのカテゴリの学習データ集合から，何らかのサンプリング方法によってデータを増やす方法です。単純な方法としては学習データから復元抽出することによってデータを増やす方法がありますが，より高度な手法として SMOTE（Synthetic Minority Over-sampling Technique）と呼ばれる方法もよく使われるようになっています。
- アンダーサンプリング：データ数が多いほうのカテゴリの学習データ集合をすべて使わず，この集合からランダムサンプリングすることによって，データサイズを小さくする方法です。問題によっては，多数派カテゴリのデータは無尽蔵に多く入手できるような場合があり，そのような場合には少数派カテゴリのデータ数とのバランスを考え，アンダーサンプリングが行われることも多々あります。

　これらのうち，SMOTE と呼ばれる方法は，ランダムに選択したデータの近傍データを探し，それらの近傍データの内分点をランダムに生成してデータを増幅させる手法であり，強力なオーバーサンプリング手法として知られてい

ます。機械学習パッケージにも装備されるようになりましたので，不均衡データの問題を対象とする場合には試してみる価値のある手法といえます。

コラム⑨　データサイエンス活用のために必要なスキル

　最近，高校生の頃からデータサイエンスに興味を持っている生徒が見られるようになりました。AI やビッグ・データといったキーワードが世の中で持てはやされるようになり，さまざまなデータを分析して，その結果から有用な知見を抽出したり，戦略を立案したりする仕事に対して，恰好がよいイメージがあるためかもしれません。また，著名なビジネス論文誌である *Harvard Business Review* が，データサイエンティストを「21 世紀で最もセクシーな職業」と表現したというニュースも人々の認識に大きな影響を与えました。データサイエンティストとは，多種多様なデータから必要な情報を収集し，分析することを通じて，さまざまな意思決定の場面において，データに基づく客観的，かつ合理的な判断を導くことができる専門家のことを指します。通常は，ビジネス活動におけるさまざまな意思決定に対して，自らデータを収集し，適切に加工し，分析結果をまとめて，ビジネス施策や戦略の立案までを行うことができる専門家という意味でデータサイエンティストという語が使われています。データサイエンティストに求められるスキルについては，一般社団法人データサイエンティスト協会が 1 つの枠組みを提示しており，筆者の感覚ではほぼ同様の意見を有している専門家が多い印象ですので，詳細はホームページ等でその内容を調べていただくのがよいでしょう。筆者の言葉で言い換えて要約すると，ビジネス現場でデータサイエンスを活用するために必要なスキルは「IT スキル」「統計分析スキル」，そして「ビジネススキル」です。

　昨今のデータは，IoT（Internet of Things）機器で収集されたログ・データやインターネットを介した Web サイトの閲覧履歴，ポイントカードシステムを活用した会員顧客の購買履歴など，情報機器を介して収集された大規模データが多くなりました。このような大規模データを加工し，分析できる形に整形するためには，プログラミングを含む IT スキル全般が必要不可欠でしょう。データベースに記録として保存された大規模データから，条件に合致する必要なデータだけを抽出したり，分析ツールに入力できる形に整形するためには，これらの処理を実行するためのプログラミングが必要になります。昨今は AI ブームの影響もあり，さまざまな企業において Python が使われることが多くなりましたので，Python の学習から始めることを勧める意見が多いようです。実際，本書で紹介している統計分析モデルを実際に使うためのツールも，Python 上で動作するライブラリとして整備されていますので，ほとんどの分析手法の適用は Python で十分でしょう。

　ただし，IT スキルのみに依存し，データを適当に整形して Python の分析用ライブラリを用いて，何か分析結果らしい数字が出てきたとして，これを正しく読み解くための統計的知識がないと，大きな損失を被る可能性があります。コンピュータはプログラムに書かれた命令の通りに（疑問を持つことなく）実行します。加えて，昨今の Python のライブラリは，ある意味で非常に使いやすくなっており，実行している統計分析手法の詳細をきちんと理解していなくても動いて，結果が出てしまいますが，ちょっとしたミスから，その結果が分析目的からするとまったく的外れの間違ったものとなってしまうことも多々あるのです。統計分析の理論的背景に通じた分析者であれば，すぐにそれに気づくことができ，頭の中での思考実験と IT＋大規模データの分析結果を総合して，客観的に正しい分析が行えたのか否かを判断できるのです。そのため，統計分析の基礎的な知識はきちんと身につけておくことが肝要でしょう。

　最後に，本当に有用なデータ分析目的を設定し，分析結果をビジネス施策や戦略に結びつけるためには，対象としているビジネス領域における十分なビジネススキルが必要なことも自明でしょう。これは，例えば野球などのスポーツにおいて強いチームを作るため，もしくは試合での戦略を立案するためのデータ分析でも同じことです。そのスポーツのルールだけでなく，何が勝敗を分けるのか，そしてどんな意思決定の選択肢があるのかなど，そのスポーツに精通している必要があるのです。

　実際には，これまで解説した「IT スキル」「統計分析スキル」「ビジネススキル」の 3 つのうち，どれかが特に得意であるという人も多いでしょう。それは問題ありません。自分の興味や強みをどんどん伸ばしつつも，これら 3 つのスキルバランスを考慮するとよいでしょう。

✎ 課　　題

① 人工知能を使っても，現状では困難であると考えられる具体的なタスクの例をいくつか挙げてみましょう。

② 統計モデルの汎化性能とは何か，説明してみましょう。

③ 分析対象のデータが選択バイアスを含むような例を挙げてみましょう。

④ 学習データがアンバランスな場合に用いられるオーバーサンプリングとは何か説明してみましょう。

🍂 参考文献

経済産業省（2019）「『DX 推進指標』とそのガイダンス」https://www.meti.go.jp/
　press/2019/07/20190731003/20190731003-1.pdf

後藤正幸（2019）「ユーザの行動履歴データを活用したネットワーク分析」『オペレーシ
　ョンズ・リサーチ 経営の科学』Vol.64, No.11: 671–678。

後藤正幸（2020）「データ駆動形アプローチにおけるデータアナリティクスに関する技
　術動向」『電子情報通信学会誌』103（5）: 461–467。

藤本浩司・柴原一友（2019）『AI にできること，できないこと』日本評論社。

Chawla, N.V., K.W. Bowyer, L. O. Hall, and W. P. Kegelmeyer
　(2002) "SMOTE: Synthetic Minority Over-sampling Technique", *Journal
　of Artificial Intelligence Research*, Vol.16: 321–357.

ブックガイド

●── データサイエンスに関係する教養本

北川源四郎・竹村彰通編／内田誠一・川崎能典・孝忠大輔・佐久間淳・椎名洋・中川裕志・樋口知之・丸山宏『**教養としてのデータサイエンス**』講談社，2021 年

　教養としてデータサイエンスの全体イメージをつかみたい読者が，気軽に読み進めることができる入門書。データリテラシーの基礎だけではなく，倫理的な側面やセキュリティなど，データサイエンスを取り巻くさまざまな話題も含めて全体感を知ることができる。

西内啓『**統計学が最強の学問である──データ社会を生き抜くための武器と教養**』ダイヤモンド，2013 年

　統計学を「最強の学問」と位置付け，さまざまな具体的な話題も交えて，その魅力と強力さを存分に語っている書籍。統計学という学問が実際にどのように役に立つのかがわかりやすく，説明されており，統計学を学ぶ意欲を与えてくれる。

●── 統 計 学

大久保街亜・岡田謙介『**伝えるための心理統計──効果量・信頼区間・検定力**』勁草書房，2012 年

　データ分析がビッグデータを扱うようになり，従来の p 値中心のデータ分析では，何が問題か解説した書籍。従来の書籍ではあまり言及されてこなかった効果量や検定力に関して，わかりやすくかつ詳細に解説している。

神永正博・木下勉『**R で学ぶ確率統計学**』（変量統計編／多変量統計編）内田老鶴圃，2019 年

　統計学には，乱数の発生や最尤推定など実際に自分でコンピュータを動かしたほうが理解が進む項目がある。本書はそのような項目について，R を使いな

がら，体系的に知識を学べる，データサイエンス時代の統計学のテキストである。

東京大学教養学部統計学教室編『統計学入門』東京大学出版会，1991 年

統計学に関する基礎的な知識に関し，必要な項目を丁寧に説明しており，正しい知識を体系的に学べる。このシリーズの『人文・社会科学の統計学』『自然科学の統計学』とセットで読むとさらに理解が深まる。

永田靖『入門 統計解析法』日科技連出版社，1992 年

統計解析の原理や基本的な分析の手続きについて，しっかりと勉強することができるテキスト。入門書でありながら，検定と推定の基本から，分散分析，相関分析，回帰分析までを幅広い視野から解説している。

永田靖・棟近雅彦『多変量解析法入門』サイエンス社，2001 年

多変量解析の手法を学ぶための入門書。重回帰分析，判別分析，主成分分析，数量化 I 類〜III 類，多次元尺度構成法，クラスター分析といった基本的な多変量解析の理論について丁寧に説明がなされている。

● ── 数　　学

椎名洋・姫野哲人・保科架風『データサイエンスのための数学』講談社，2019 年

データ分析の手法の理解，コンピュータへの実装には，線形代数や微分積分の知識が不可欠である。ただ，線形代数にしろ，微分積分にしろ，その内容は多岐にわたり，すべてを理解するには膨大な時間が必要となる。この書籍では，データ分析に必要な項目に絞り，丁寧な式の展開とともに説明している。

西内啓『統計学が最強の学問である［数学編］』ダイヤモンド社，2017 年

統計学と機械学習の仕組みを理解するための数学的側面を解説してくれている。後半はややレベルが高いものの，最後まで読み終えると深層学習やニューラルネットワークの学習の仕組みまでが理解できる。

●—— データ分析

岩崎学『事例で学ぶ！　あたらしいデータサイエンスの教科書』翔泳社，
2019 年

　従来の統計学の書籍とは異なり，マルチレベル分析，実験計画法など（機械
学習関連の手法は除く），現在のデータ分析に求められる内容を，事例と式を
組み合わせて解説した書籍。

里村卓也『マーケティング・データ分析の基礎』共立出版，2014 年

　データ分析に関する解説書は多数出版されているが，データ分析する前のデ
ータの加工について触れた本は少ない。本書は，R を用いてデータの加工をど
のように行うか説明した解説書である。同時に課題別の分析手法に解説もあ
り，初級者から中級者まで利用できる内容になっている。

里村卓也『マーケティングモデル〔第 2 版〕』共立出版，2015 年

　『マーケティング・データ分析の基礎』を読んだ後に読む書籍。データ分析
に関する書籍では，「手法の説明 → 適用する課題・領域」という流れの書籍が
多いが，この書籍では，選択行動，セグメンテーション，購買間隔など分析の
目的別に手法を紹介しており，課題からデータ分析の手法を理解したい人に適
した内容となっている。

島谷健一郎『フィールドデータによる統計モデリングと AIC』近代科学者，
2016 年

　統計モデルの作成の基礎となる尤度およびモデルの評価に不可欠な AIC に
ついて丁寧に解説した書籍。分析モデルも回帰分析から点過程モデル，角度デ
ータのモデリングなど広範囲にわたる内容を数式を用いて丁寧に説明してい
る。

松浦健太郎『Stan と R でベイズ統計モデリング』共立出版，2016 年

　ベイズモデリングがこれほど普及した背景には，確率的プログラミング言語
の Stan の貢献はかなり大きい。本書は，Stan を用いてどのようにモデルを

作成するか解説した書籍であると同時に，scaling などの実データを分析する際のコツも解説しており，モデルを作成してデータを分析する人には必要な書籍である。

林賢一・下平英寿『R で学ぶ統計的データ解析』講談社，2020 年

多変量解析に属する手法（回帰分析，判別分析，主成分分析，クラスター分析など）の説明のほかに，決定木やブートストラップなどの説明もあり，現在のデータ分析の手法を理解するうえで橋渡し的な書籍（同じシリーズにある松井秀俊・小泉和之『統計モデルと推測』2019 年の併読を強く勧める）。

●── 機 械 学 習

後藤正幸・小林学『入門 パターン認識と機械学習』コロナ社，2014 年

ビジネスデータのデータ分析で用いる，サポートベクターマシーン，決定木，潜在クラスなどの機械学習の手法について解説した書籍。読者の理解が深まるよう，各章において適宜数式を用いた説明がある。

加藤公一『機械学習のエッセンス──実装しながら学ぶ Python，数学，アルゴリズム』SB クリエイティブ，2018 年

機械学習のいくつかの有名なアルゴリズムを，自分でゼロから実装することを目標としており，手を動かしながら機械学習の原理を知るための入門書。

齋藤優太，安井翔太『施策デザインのための機械学習入門──データ分析技術のビジネス活用における正しい考え方』技術評論社，2021 年

広告配信や商品推薦などのビジネス施策の個別化や高度化のために機械学習を利用することが一般的になりつつある。本書は機械学習を用いてビジネス施策をデザインする際に必要な考え方とフレームワークを提示してくれている。

●── データ視覚化

Wickham，H.，*ggplot2: Elegant Graphics for Data Analysis*，Springer，2016

データをグラフで表現する際，Excel のグラフ機能では表現できないグラフを作成する際に，重宝なのが R のパッケージの「ggplot2」である。本書は，ggplot2 の基本的な使い方について体系的に解説している。R のコードとともに結果のグラフを見るだけで，ほぼ内容が理解可能な構成になっている。

Kirk，A.，*Data Visualisation*: *A Handbook for Data Driven Design*，SAGE Publications Ltd.，2019

データを可視化方法について事例とともに説明した書籍。著者独自の5つの基準により，使い方のコツや代替の手法などを説明している。

●—— 因 果 推 論

星野崇宏『調査観察データの統計科学——調査観察データの統計科学』岩波書店，2009 年

ビッグ・データでは，何も注意せずに分析すると，データに含まれるバイアスのため，分析結果を見誤る可能性が高い。この書籍では実験データのように統制することができないデータから，正しい情報を得るための必要な知識が体系的に整理されている。

安井翔太『効果検証入門——正しい比較のための因果推論／計量経済学の基礎』技術評論社，2020 年

因果推論をビジネス施策の効果を正しく評価するための手法という文脈で解説してくれている入門書。「単純に比較すると間違った結論に導くデータ」から，より正しい結果を導くための分析手法と考え方を提供してくれている。

索　引

▶人　名

Akaike, H.（赤池弘次）　198
Freytag, J-C.　67
Gelman, A.　45
Goodfellow, I.　9, 102
Hill, J.　45
Jackman, R. W.　108
Laney, D.　27
Li, J.　200
Müller, H.　67
Woolf, B. P.　29
阿部誠　4
岩崎学　20
上田雅夫　69
大久保街亜　198
岡田謙介　198
北川源四郎　192
シンプソン，E. H.　127
田口玄一　19
林知己夫　19
古川一郎　4
星野崇宏　69
村山孝喜　19
守口剛　4
ワイブル，W.（Waloddi Weibull）　87

▶アルファベット

A/B テスト　133, 250
AI　→人工知能
AIC　→赤池情報量基準
AUC (Area Under the Curve)　196, 220
Bank Marketing Data Set　214, 215
BIC　→ベイズ情報量基準
Boston House-price Data Set　205
C4.5　45, 185
C5.0　152

CART　45, 152
CHAID　45, 152
cos（コサイン）類似度　65
Data Verification　17
Deep Learning　→深層学習
DIC　→逸脱度情報量規準
Document2vec　142
Embedding（埋め込み表現）モデル　143, 231, 235
ε-NN ネットワーク　179
FM (Factorization Machines)　141, 159
F 検定　192, 196
F 分布　76, 84, 85
GA^{2}M (Generalized Additive 2 Model)　161
IoT (Internet of Things)　26, 228, 255
Item2vec　142, 231
Jaccard 係数　64
KGI (Key Goal Indicator)　135, 184
KL (Karhunen-Loeve) 展開　166
k-means 法　→非階層クラスタリング
k-mode 法　165
KPI (Key Performance Indicator)　135, 184
k 最近傍法　157
L1 正則化　249
L2 正則化　249
LDA　→潜在ディリクレ配分法
LightGBM　211, 219, 223
LSI (Latent Semantic Indexing)　65
MNIST (Modified National Institute of Standards and Technology database)　172
One-hot ベクトル　66, 79
OOB (Out-Of-Bag) データ　154
overlap 係数　64
PLSA (PLSI)　→確率的潜在意味解析法

PoC（Proof of Concept；概念実証）　237

POS データ（Point of Sales Data；販売時点データ）　2, 7, 12, 24, 25, 28

　ID 付き——　7, 29, 235

PP プロット　196

Python　5, 175, 180, 255

QQ プロット　196

R　43

RFID　30

RFM 分析　232

ROC 曲線（Receiver Operating Characteristic curve）　192, 194, 196, 220

scikit-learn　205, 223

Sensitivity（感度）　195

SMOTE（Synthetic Minority Over-sampling Technique）　254

SNS　→ソーシャル・ネットワーキング・サービス

Specificity（特異度）　195

stan　46

tidy data　61

TransRec　231

t-SNE（t-distributed Stochastic Neighbor Embedding）　142, 171

t 検定　192, 196

t 分布　70, 76, 84

UCI Machine Learning Repository　214, 223

VAE　→変分オートエンコーダ

WAIC　→広く使える情報量規準

Word2vec　66, 142, 231

χ^2（カイ二乗）分布　76, 84

▶あ　行

アウトカム（目的変数）　132, 136

赤池情報量基準（Akaike Information Criterion：AIC）　192, 198, 210, 245

アダブースト　141

「集まる」データ　32, 33, 61

「集める」データ　32, 33

アンサンブル学習　152, 161

アンダーサンプリング　217, 254

逸脱度情報量規準（Deviance Information Criterion：DIC）　198

異常値　68, 69, 108, 109, 133

一様乱数　97

一般化加法混合モデル（Generalized Additive Mixed Model：GAMM）　141

一般化加法モデル（Generalized Additive Model：GAM）　141, 162

一般化線形混合効果モデル（GLMM）　141

一般化線形モデル（GLM）　140, 141

因果効果推定　230

因子分析　40, 44, 57, 142

ヴァイオリン・プロット　122, 124

円グラフ　111, 112, 118, 121

オートエンコーダ（Autoencoder；自己符号化器）　102, 157, 170, 233

　変分——（Variational Autoencoder：VAE）　104, 142, 143, 234

　条件付——（Conditional Variational Autoencoder：CVAE）　104

　積層——　103, 171

オーバーサンプリング　217, 254

オーバーフィッティング（過適合）　155

帯グラフ　113

折れ線グラフ　111, 112, 121

音声認識　88

▶か　行

回帰（Regression）　184

回帰木モデル　140, 141, 161

回帰問題　204, 222

回帰分析　52, 69, 141, 157, 168

階層クラスター分析　62, 142

階層ベイズモデル　96, 100, 140, 141, 175

ガウス過程回帰　142
過学習　160, 242, 247
学習データ　146, 155
確率質量関数（Probability mass function）　79
確率的潜在意味解析法（Probabilistic Latent Semantic Analysis [Indexing]：PLSA〔PLSI〕）　3, 66, 142, 174
確率分布　75
確率変数　75
確率密度関数（Probability density function）　82
確率モデル　74
可視化（Visualization）　4, 134, 135
データ——　108, 109
仮説検証　134, 135
仮説検定　109, 196
統計的——　84, 133
画像データ　88, 101, 141, 142, 144
画像認識　88, 228, 238
過適合（オーバーフィッティング）　242
カーネル法　149, 151
カルバックーライブラー（Kullback-Leibler）情報量　198
間隔尺度　42, 45, 68
観測誤差　240
ガンマ分布　76
機械学習　3, 17, 18, 45, 74, 77, 88, 90, 140, 144, 180, 211, 219, 227, 229, 237, 247
幾何分布　76, 80
疑似相関　121
疑似乱数　97
ギブス・サンプリング法　101
帰無仮説　196
逆関数法　99, 100
共起データ　173
偽陽性率（False positive rate）　195, 220
クラスター分析　57

クラスタリング　134, 137, 162, 230
傾向スコア　252
——マッチング　251
計数データ　78
形態素解析　35, 65
欠損値　59, 67, 69
決定木　45, 56, 60, 140, 141, 184, 185
——モデル　151
決定係数（R^2）　192, 193
調整済——（Adjusted R-squared）　193
元　40
交互作用項　159
交差検証法（クロスバリデーション）　191, 192, 244
k-分割——（k-fold cross-validation）　191, 246
leave-one-out——（leave-one-out cross-validation：LOOCV）　191, 246
構造化データ　4, 141
構造分析　134, 136
勾配ブースティング　89, 96, 141, 142, 154, 211
——決定木（Gradient Boosting Decision Tree：GBDT）　154
勾配ベクトル　155
購買履歴データ　3, 4, 42, 59, 230
ID付き——　232
誤差の2乗の和（Residual Sum of Squares；残差平方和）　190
コーシー分布　70
コレスポンデンス分析　142
混合回帰モデル　141, 160
混合確率　92
混合正規モデル（Gaussian Mixture Model：GMM）　142, 164
混合モデル　93, 140
混合割合　92
混同行列　189, 194

▶さ 行

再構成型データ　34
再構成誤差　170
最小二乗法　159
最尤推定法（最尤法）　46, 91
サポートベクトルマシン　140, 149, 150
　――回帰モデル　162
散布図　114, 126
識別関数法　146
識別ネットワーク（Discriminator）　102
識別モデル　88, 89, 146, 147
事後確率分布　91
自己符号化器（Autoencoder：オートエンコーダ）　142, 143, 169
指数分布　76, 85, 87
事前確率分布　91
実験計画　200, 236
質的（定性的）データ　36
質的変数　78
弱学習器　154, 161
重回帰分析　114, 140, 141
重回帰モデル　158
集計型データ　34
従属変数　56, 139
集団学習モデル　141
主成分分析　56, 114, 142, 166, 168, 233
順序尺度　42, 44
ショッピング・バスケット分析　34, 46, 61
人工知能（Artificial Intelligence：AI）　19, 74, 88, 90, 101, 140, 227-229, 237
深層学習（Deep Learning）　5, 156, 228, 233
　――モデル　88, 96, 101, 142, 156, 238
シンプソンのパラドックス　127
真陽性率（True positive rate）　195, 220
信頼区間　126
スイッチング行列　62

数量化I類　141
数量化II類　141
数量化III類　142
数量化理論　19
スカラー（scalar）　51
ステップワイズ法　210
ストリーム処理　33
スパース性　89
正規分布　69, 76, 83, 92
正規乱数　97
生成ネットワーク（Generator）　102
生成モデル　77, 88, 89, 146, 147
正則化　160, 161, 247
説明変数　56, 136
遷移行列　62
線形回帰モデル　158
線形モデル　140
潜在クラスモデル　142, 233
潜在ディリクレ配分法（Latent Dirichlet Allocation：LDA）　142, 174, 175
選択バイアス　32, 250
相　40
相互結合型ネットワーク　155
ソーシャル・ネットワーキング・サービス（Social Networking Service：SNS）　64, 176, 228
ソーシャル・メディア　2-4, 27, 36
ソフトクラスタリング　163, 165

▶た 行

対数正規分布　76
多項分布　76
多次元尺度構成法　40
　個人差――（Individual Differences multidimensional Scaling：INDSCAL）　40
多重共線性　114, 158
多変量解析　44, 56, 74, 140
ダミー変数　78, 144
中心極限定理　98
超幾何分布　80, 76

調査データ　12
ディリクレ分布　76
テキストデータ分析　90, 147, 164
敵対的生成ネットワーク（Generative
　Adversarial Networks：GANs）
　9, 77, 102
的中率（Hit Rate）　192, 193
デジタルトランスフォーメーション（DX）
　229
データウェアハウス　5, 6, 8, 9
データクリーニング（データクレンジング）
　18, 66, 68, 69, 133
データサイエンス　1, 2, 4, 5, 9, 13,
　19, 20, 30, 73, 227, 237, 240, 255
データサイエンティスト　6, 37, 201, 255
データ生成モデル　74, 75, 96, 105
データの尺度　42
データマイニング　4, 9
データマート　6, 9
データレイク　8
デモグラフィック属性　60
動画データ　88
統計学　3, 9, 90, 227
統計的品質管理　236
特異値分解　65
特徴ベクトル　144
特徴量　144
独立変数　136
トピックモデル　142, 164, 174, 230

▶な　行

ナイーブベイズ法　157
二項分布　75, 76, 79, 80
二項ロジスティックモデル　194
ニュートン法　149
ニューラルネットワーク　66, 79, 140,
　141, 143, 149, 155, 170, 228
　階層型——　155, 156, 161
　三層——　141
　深層——（Deep Neural Network：
　DNN）　89, 141, 156, 243

畳み込み——（Convolutional Neural
　Network：CNN）　141, 157
ネットワーク分析　231

▶は　行

ハイパーパラメータ　95, 175
箱ヒゲ図　115, 118, 122, 124
外れ値　70, 108, 109, 133
パターン識別　88
パターン認識　77, 101, 144
ハードクラスタリング　163
パラメータ　83
パラメトリック確率モデル　90, 95
汎化性能　242
判別（Classification）　184
判別分析　140, 141, 184
非階層クラスタリング（k-means法）
　142, 165
非構造化データ　4, 10, 35, 141, 142
非集計型データ　34
ヒストグラム　110, 111, 115, 119, 121
　層別——　118
非線形写像　161
非線形モデル　141
ビッグ・データ　3, 8, 23, 26, 90, 240
非負値行列因子分解（Non-negative
　Matrix Factorization：NMF）
　169, 231
標準正規分布　83, 98
比率尺度　42, 45, 68
広く使える情報量基準（Widely
　Applicable Information Criterion：
　WAIC）　198
フィールド実験　199, 200
ブートストラップサンプリング　153
不均衡データ（Imbalanced Data）　252
負の二項分布　75, 80
プログラミング　255
分割指数　151
分割表（クロス集計表）　115
分散共分散行列　168

分散表現モデル　66, 227
分散分析　56
分類（Clustering）　184
分類問題　143, 144, 149, 214, 222
平均二乗誤差（Mean Square Error）
　191
ベイズ情報量基準（Bayesian Information
　Criterion：BIC）　192, 198, 210
ベイズ推定　46
ベイズ統計　90, 91, 94
ベイズの定理（ベイズルール）　91, 145
ベクトル（Vector）　43, 51, 53, 56
ベータ分布　46, 76
ベルヌーイ試行　79, 80
偏回帰係数　158
ポアソン回帰　141
ポアソン分布　46, 76, 81, 87
棒グラフ　110-112, 118, 121
訪問調査　23
母　数　83
ボックス・ミューラー法　99, 100
ホールドアウト法　191, 244

▶ま　行

マーケティング　12, 25
マーチャンダイジング　25
マトリクス　51, 53, 56
マルコフ連鎖モンテカルロ法（Markov
　Chain Monte Carlo methods：
　MCMC法）　100

名義尺度　42, 44, 68, 78
メトロポリス・ヘイスティング法　101
目的変数　56, 136, 139
モザイクグラフ　118
モデル　104, 188

▶や　行

郵送調査　23
尤度比検定　190
要因分析　134, 135
要約（Summarization）　184
予　測　134, 136

▶ら　行

ランダムフォレスト　141, 142, 152, 153,
　185, 219, 223
　──回帰　161, 211
離散変数　78
リッカート・スケール（Likert Scale）
　44
量的（定量的）データ　36
連関（Association）　184
連続確率変数　82
連続変数　82
ロジスティック回帰分析　141, 148, 215,
　252
ロジスティック写像　239

▶わ　行

ワイブル分布　76, 87

著者紹介　　　上田 雅夫（うえだ まさお）
　　　　　　　　現職：横浜市立大学データサイエンス学部教授
　　　　　　　　主著：『マーケティング・リサーチ入門』（共著）有斐閣，2018年。『マーケティング・エンジニアリング入門』（共著）有斐閣，2017年。

　　　　　　　後藤 正幸（ごとう まさゆき）
　　　　　　　　現職：早稲田大学理工学術院教授
　　　　　　　　主著：『ビジネス統計——統計基礎とエクセル分析』（共著）オデッセイコミュニケーションズ社，2015年。『入門 パターン認識と機械学習』（共著）コロナ社，2014年。『確率統計学（IT Text）』（共著）オーム社，2010年。

データサイエンス入門
　——データ取得・可視化・分析の全体像がわかる
Introduction to Data Science

2022 年 12 月 25 日 初版第 1 刷発行

著　者　　上田雅夫，後藤正幸
発行者　　江草貞治
発行所　　株式会社有斐閣
　　　　　〒101-0051 東京都千代田区神田神保町 2-17
　　　　　http://www.yuhikaku.co.jp/
装　丁　　麒麟三隻館
印　刷　　大日本法令印刷株式会社
製　本　　大口製本印刷株式会社
装丁印刷　株式会社亨有堂印刷所